SUPPLÉMENT

AU

TRAITÉ DE L'EXPLOITATION

DES

MINES DE HOUILLE

PAR

A.-T. PONSON

INGÉNIEUR CIVIL DES MINES

ATLAS

Édité par Jules PONSON, à Liége

7, QUAI DE FRAGNÉE, 7

LIÉGE
ALFRED FAUST, IMPRIMEUR-ÉDITEUR
9, Rue Sœurs-de-Hasque, 9

PARIS
J. BAUDRY, ÉDITEUR, 15, RUE DES St-PÈRES
Même Maison à Liége

1867

TABLE DES PLANCHES.

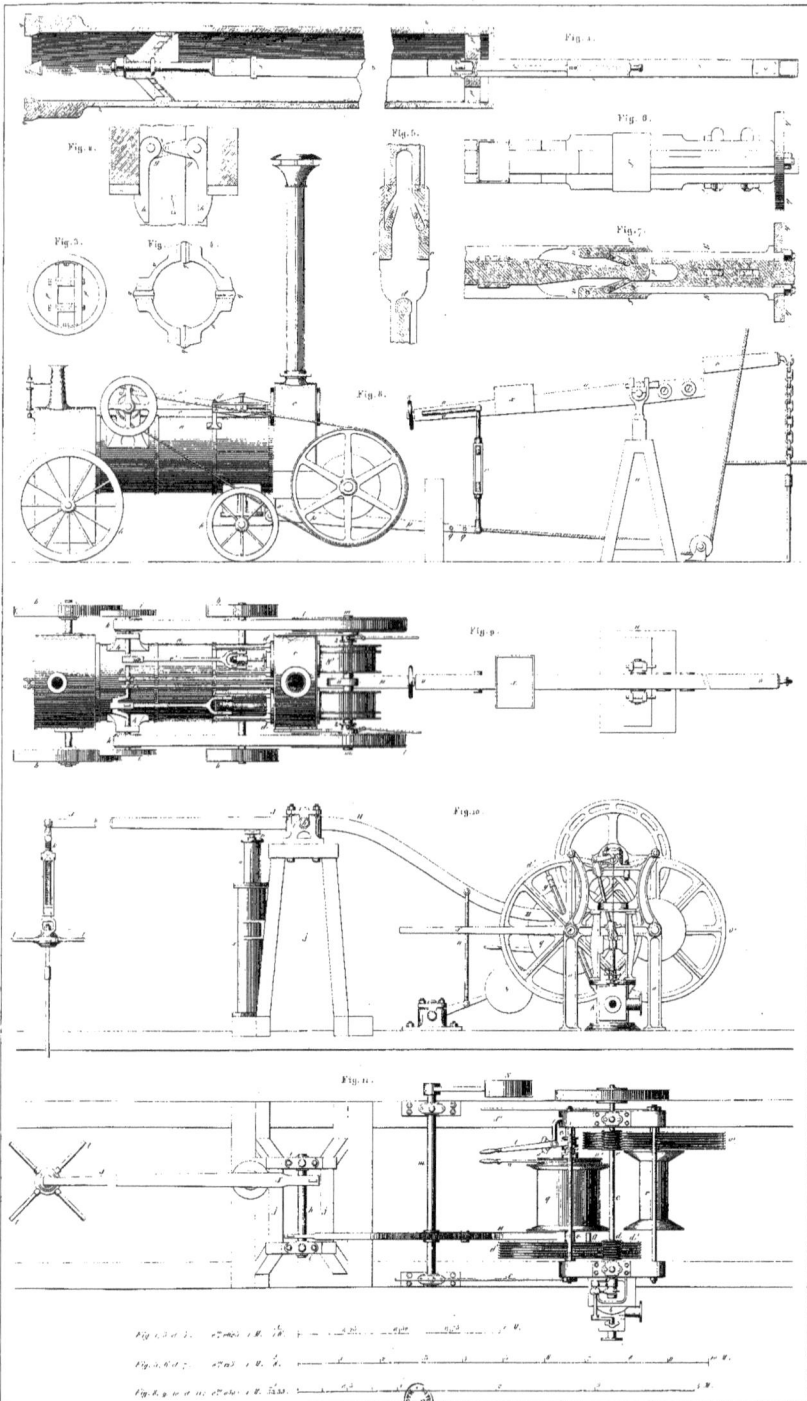

PERFORATEURS A PERCUSSION.

Fig. 1

Fig. 2

Fig. 3

Fig. 4

Fig. 4a

Fig. 5

Fig. 6

Fig. 9

Fig. 10

Fig. 8

Fig. 7

Fig. 11

Fig. 12

Fig. 13

Fig. 14

Fig. 5a

PL. II.

PERFORATEURS A PERCUSSION.

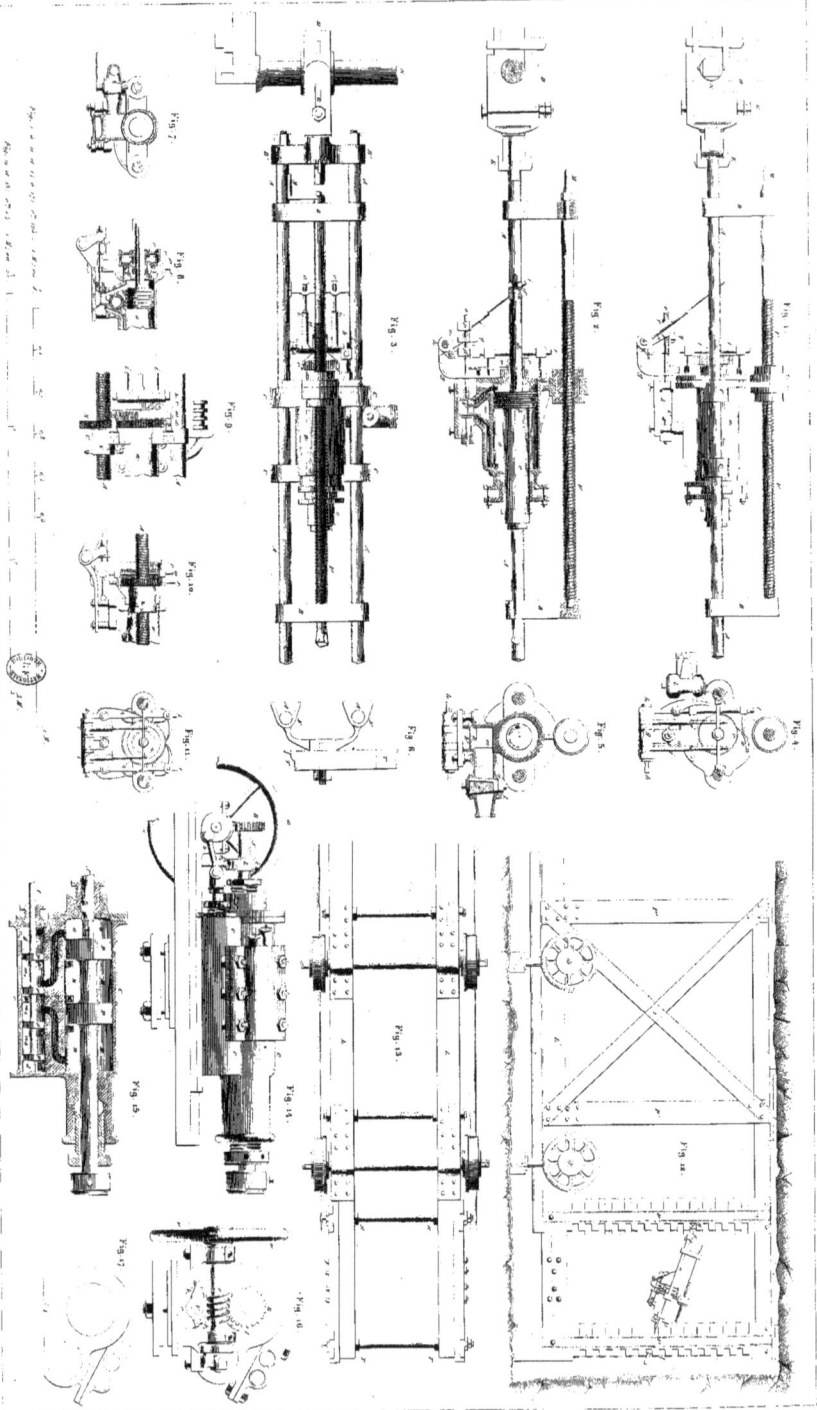

Fig. 1

Fig. 2

Fig. 3

Fig. 4

Fig. 5

Fig. 6

Fig. 7

Fig. 8

Fig. 9

Fig. 10

Fig. 11

Fig. 12

Fig. 13

Fig. 14

Fig. 15

Fig. 16

Fig. 17

Fig. 18

PL. III

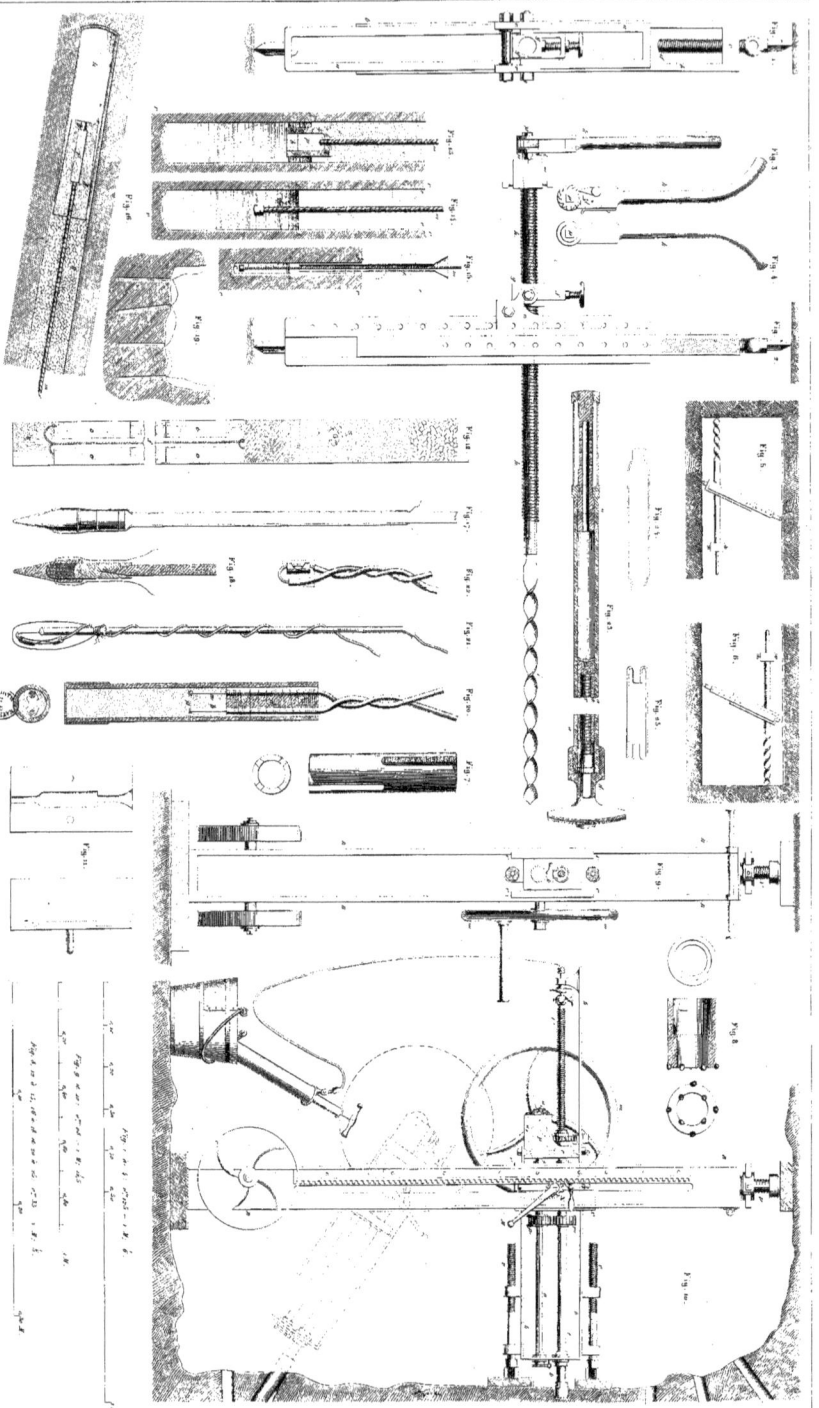

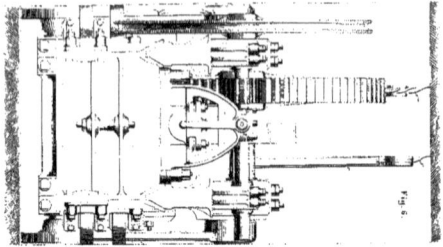

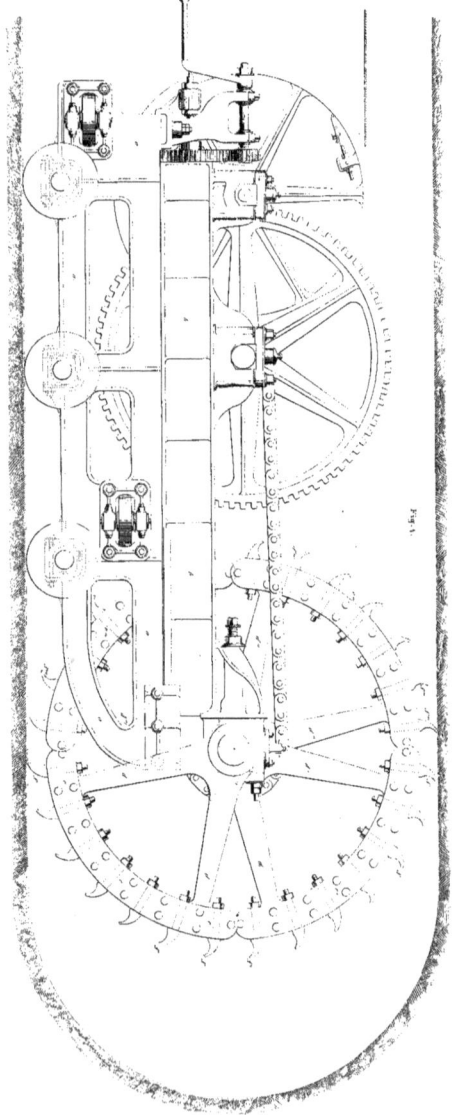

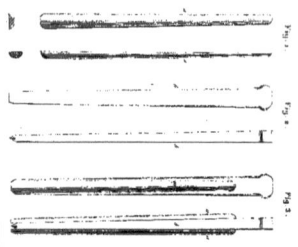

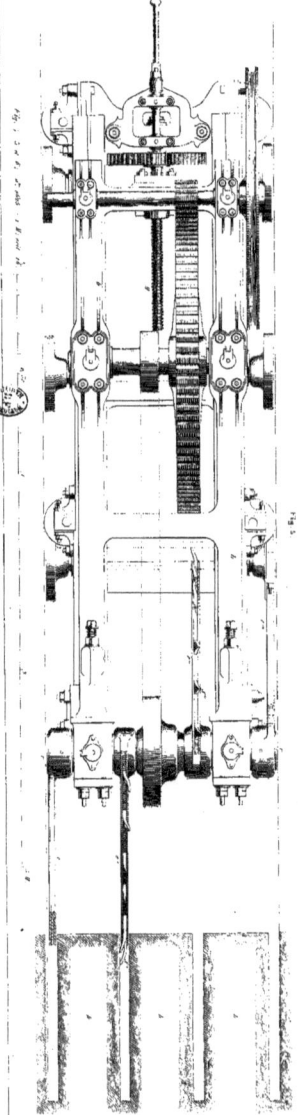

EXCAVATEUR MÉCANIQUE.

EXCAVATING APPARATUS

SCHÜTZENBERGER

Pl. V.

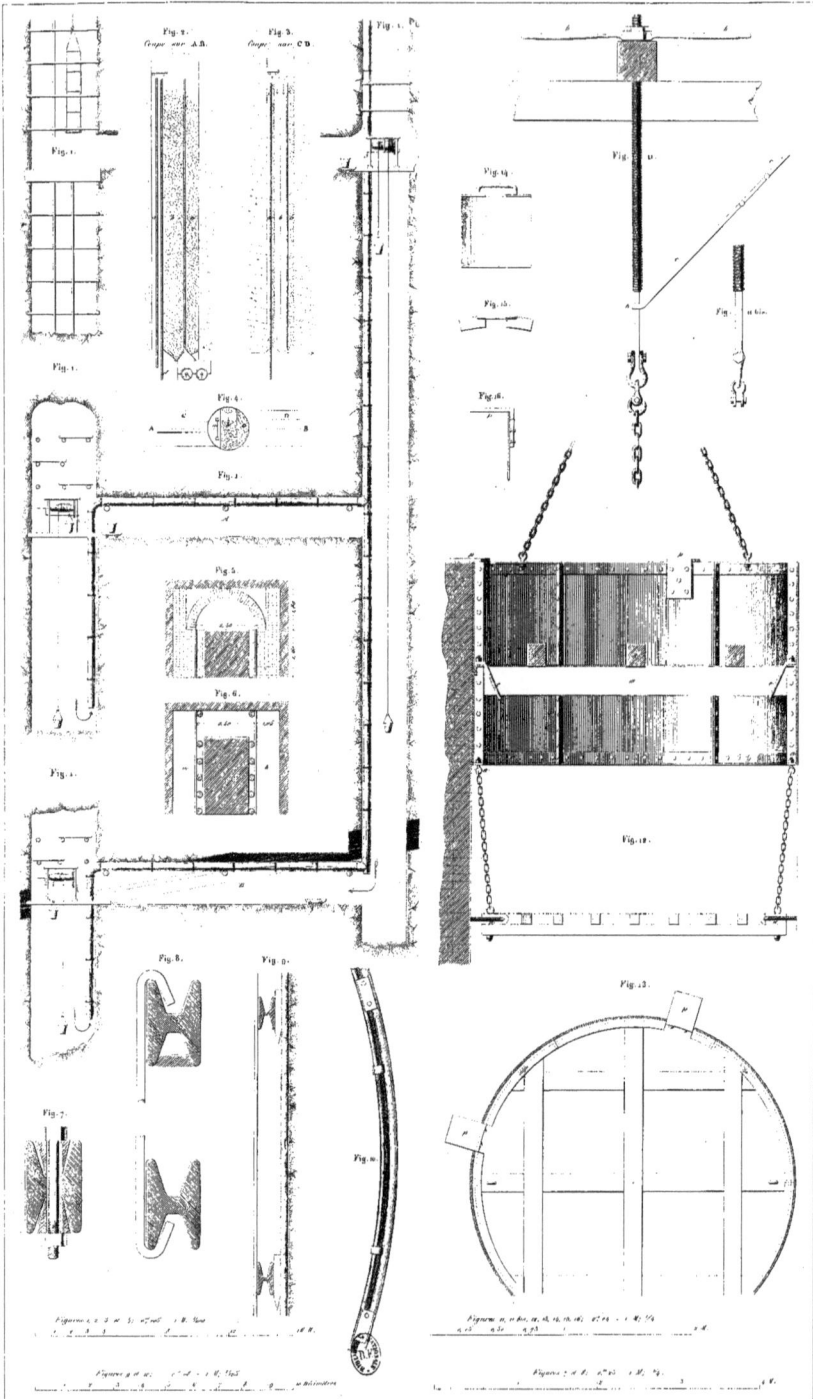

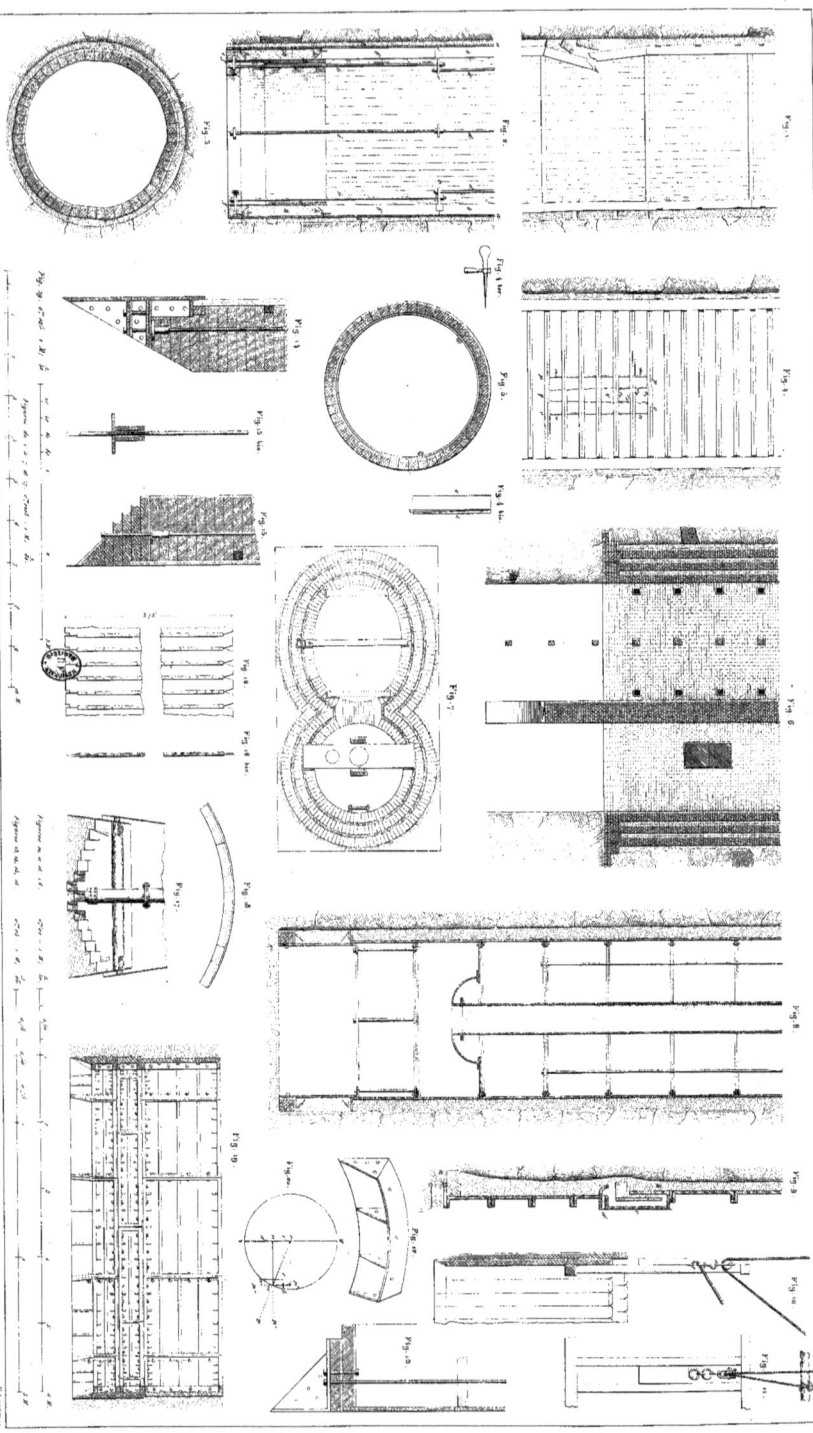

WOOD, MASONRY AND CASTIRON TUBBING.

WASSERDICHTER AUSBAU DER SCHÄCHTE, MITTELST ZIMMERUNG, MAUERUNG, EISEN.

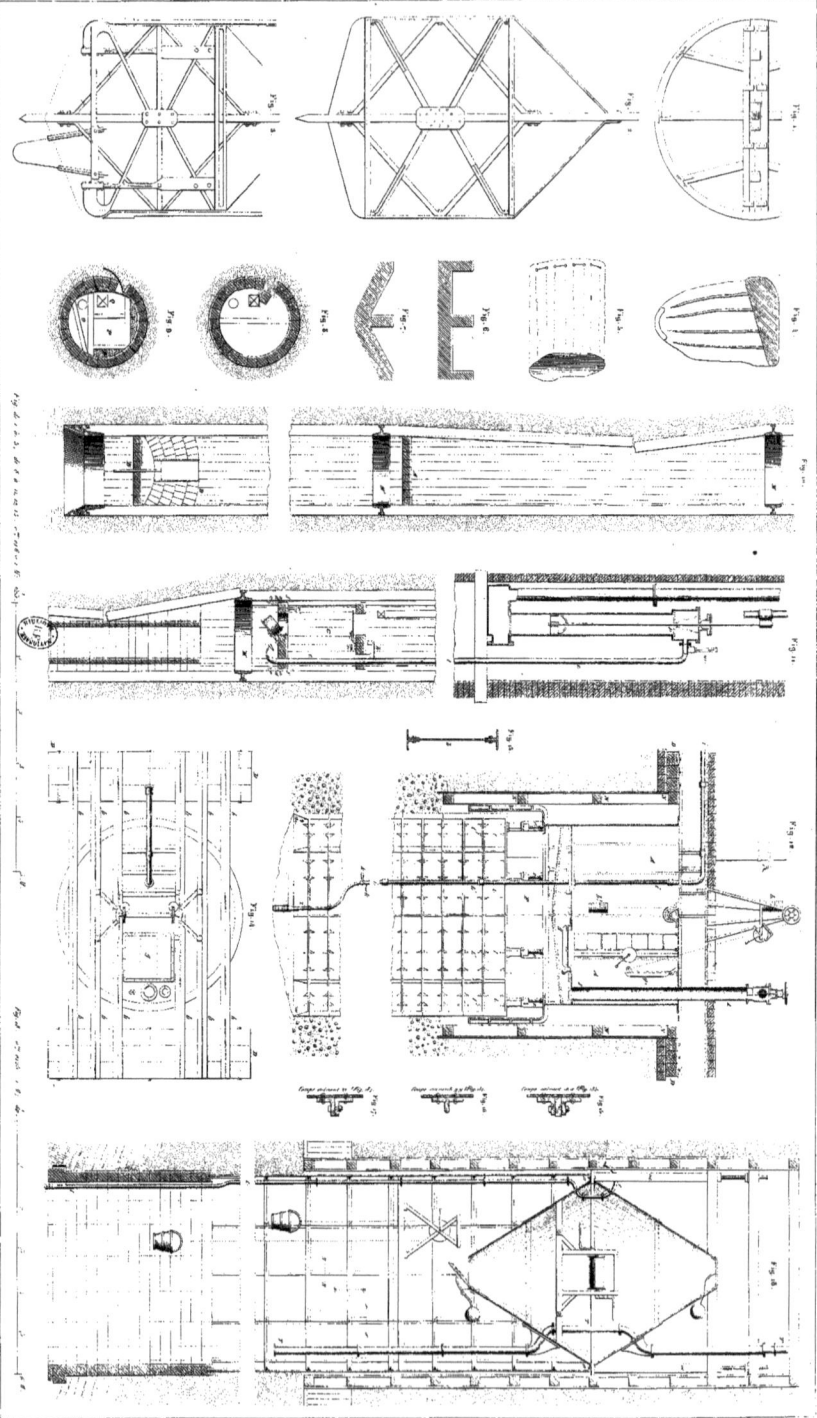

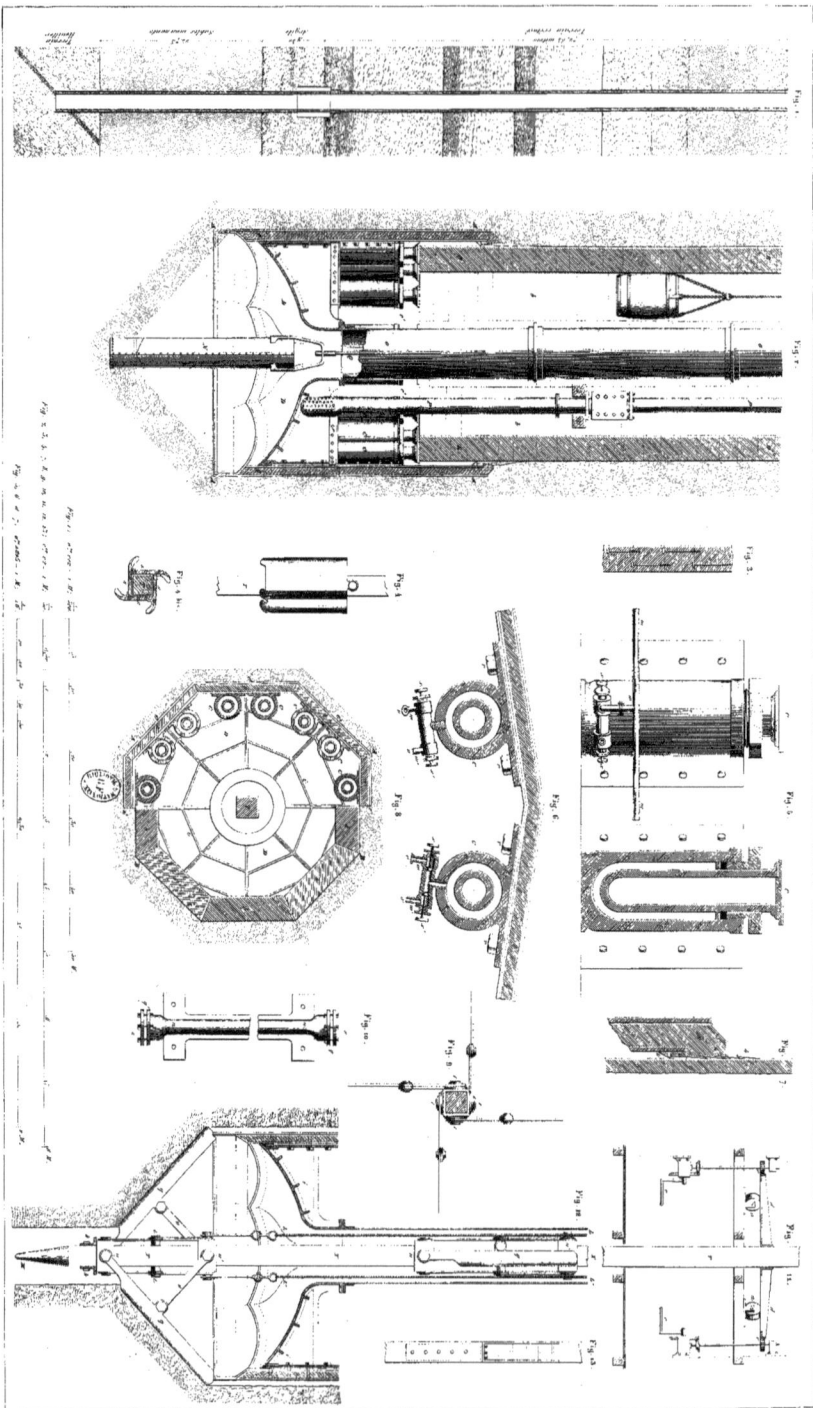

FONÇAGE A TRAVERS LES SABLES AQUIFÈRES.

PL. IX.

PASSAGE THROUGH BEDS OF QUICKSAND. GUIBAL'S PROCESS.

ABTEUFEN IN FLIESSSANDE. GUIBAL'SCHES VERFAHREN.

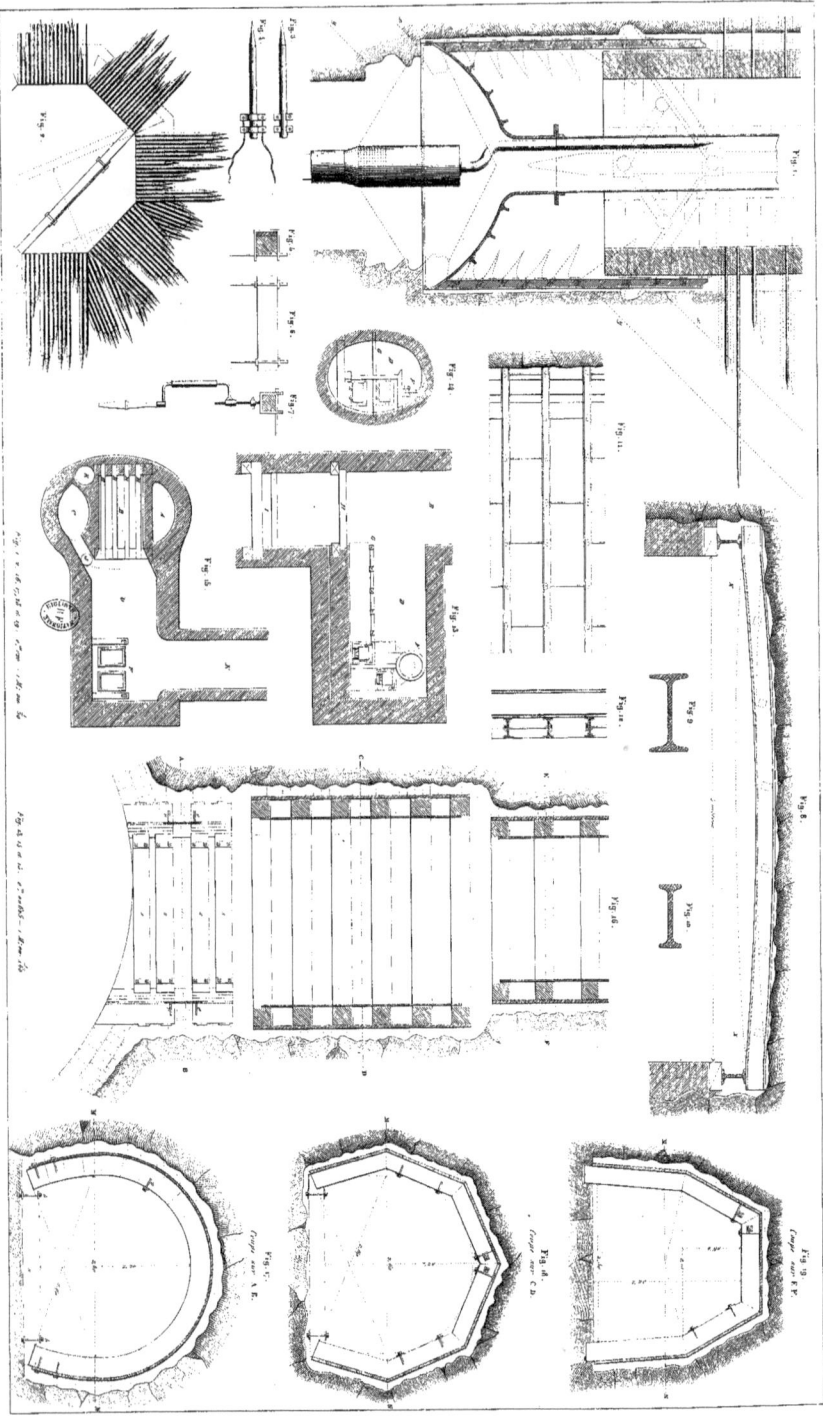

APPAREIL DE Mr GUIBAL. CHAMBRES D'ACCROCHAGE.

Pl. X

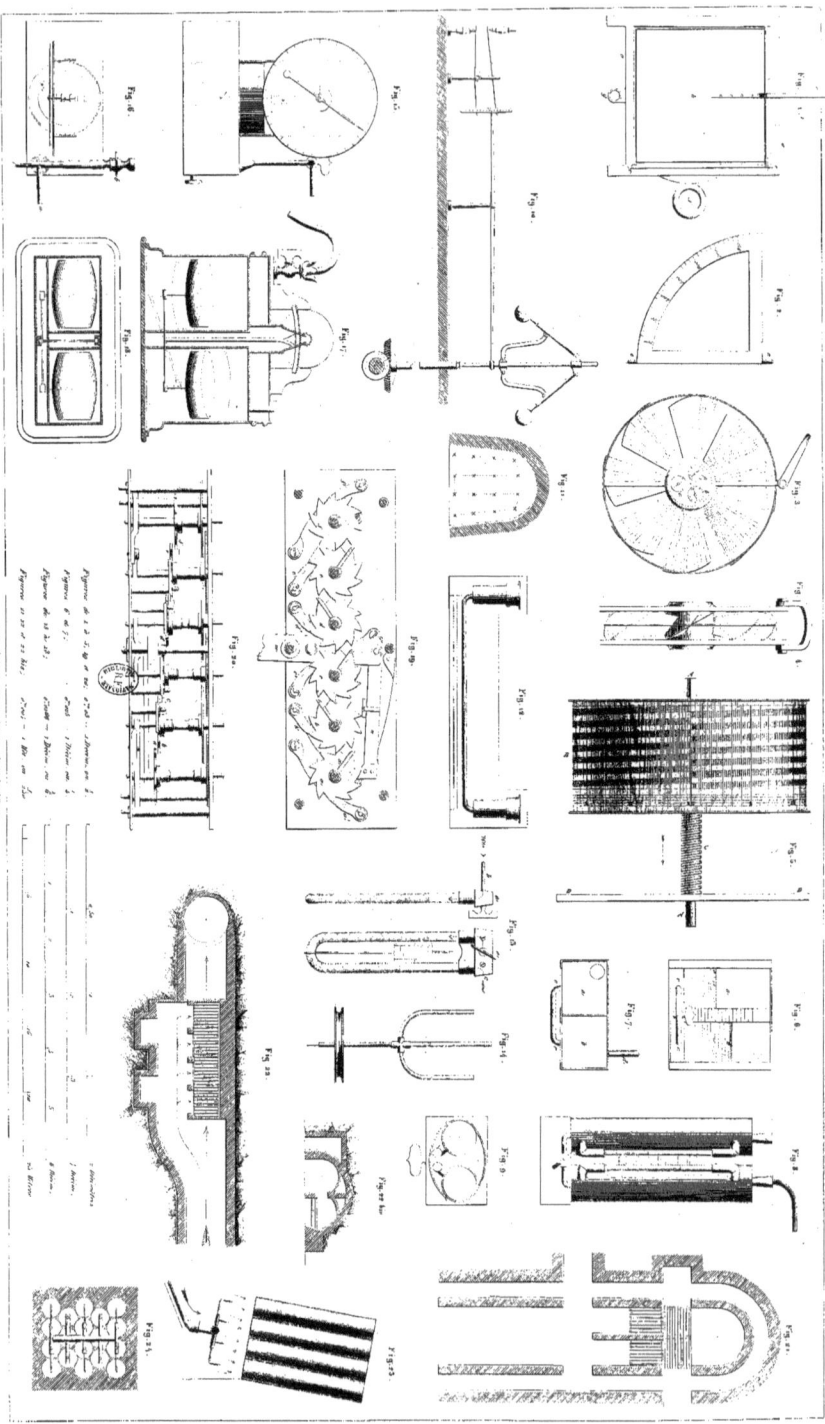

ANÉMOMÈTRES, MANOMÈTRES, FOYERS, JETS DE VAPEUR.

PL. XI.

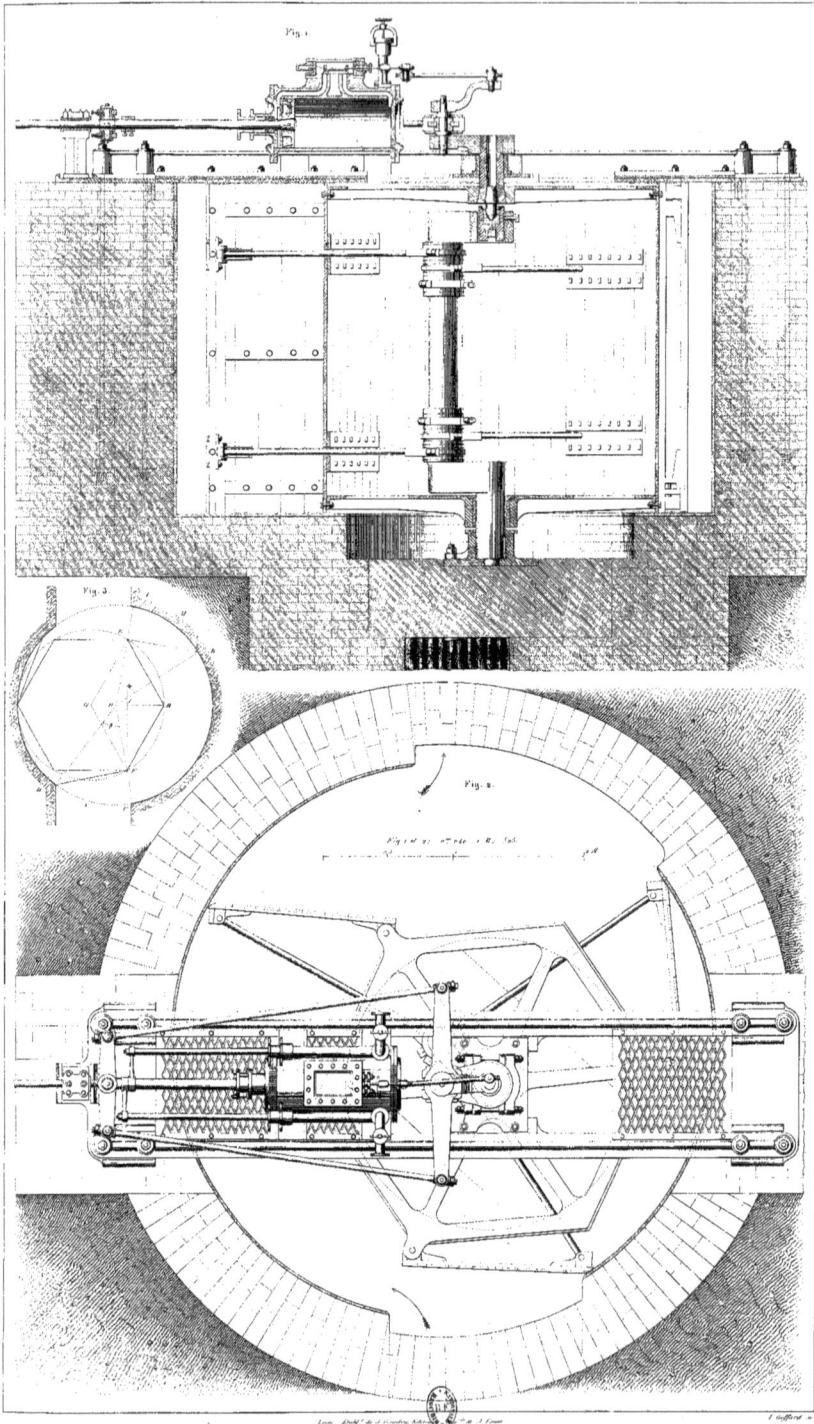

Fig. 1

Fig. 3

Fig. 2

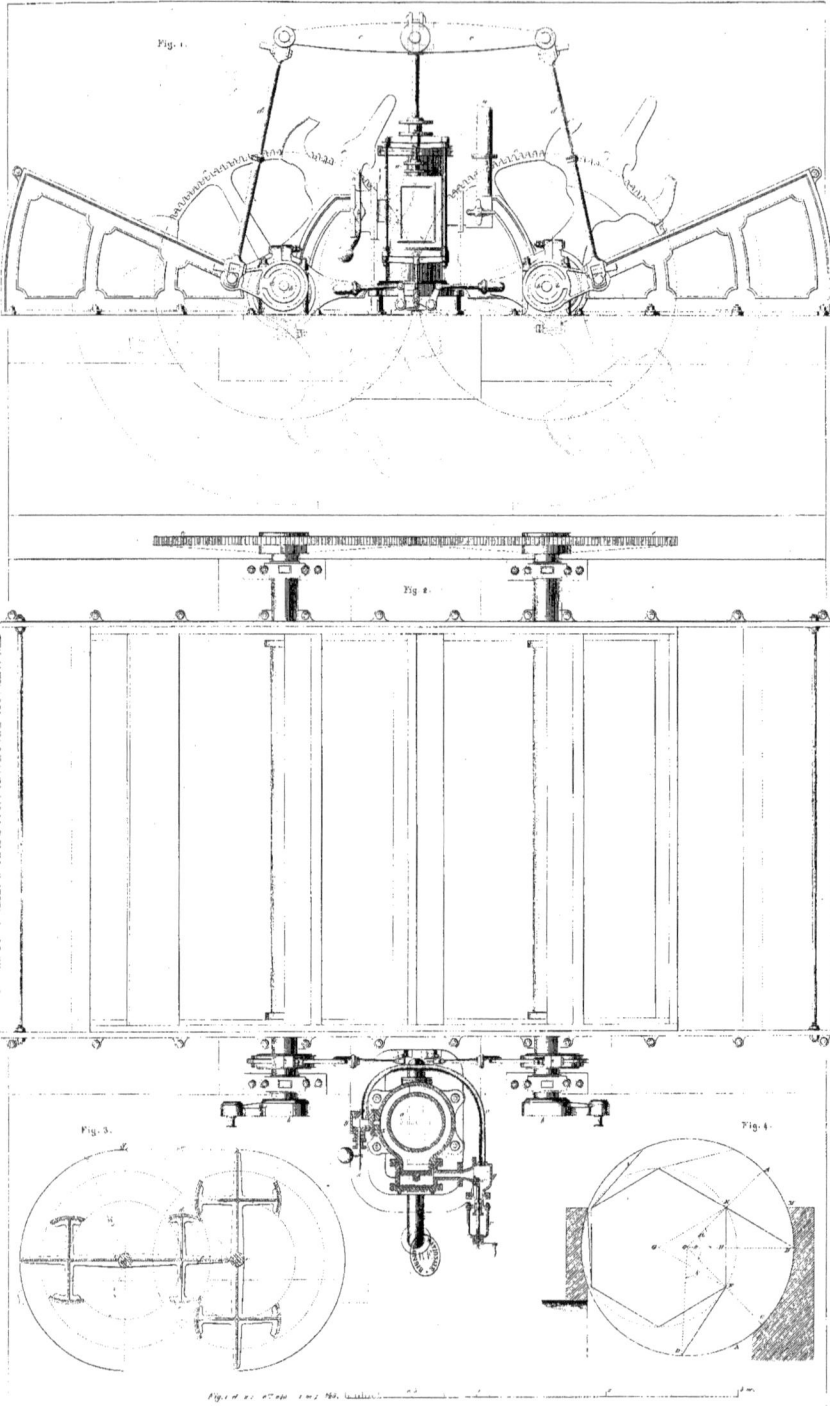

Fig. 1.

Fig. 2.

Fig. 3.

Fig. 4.

Lith. Imprie. de J. Monrocq, Editeur, Imprᵉᵘʳ de l'Ouest.

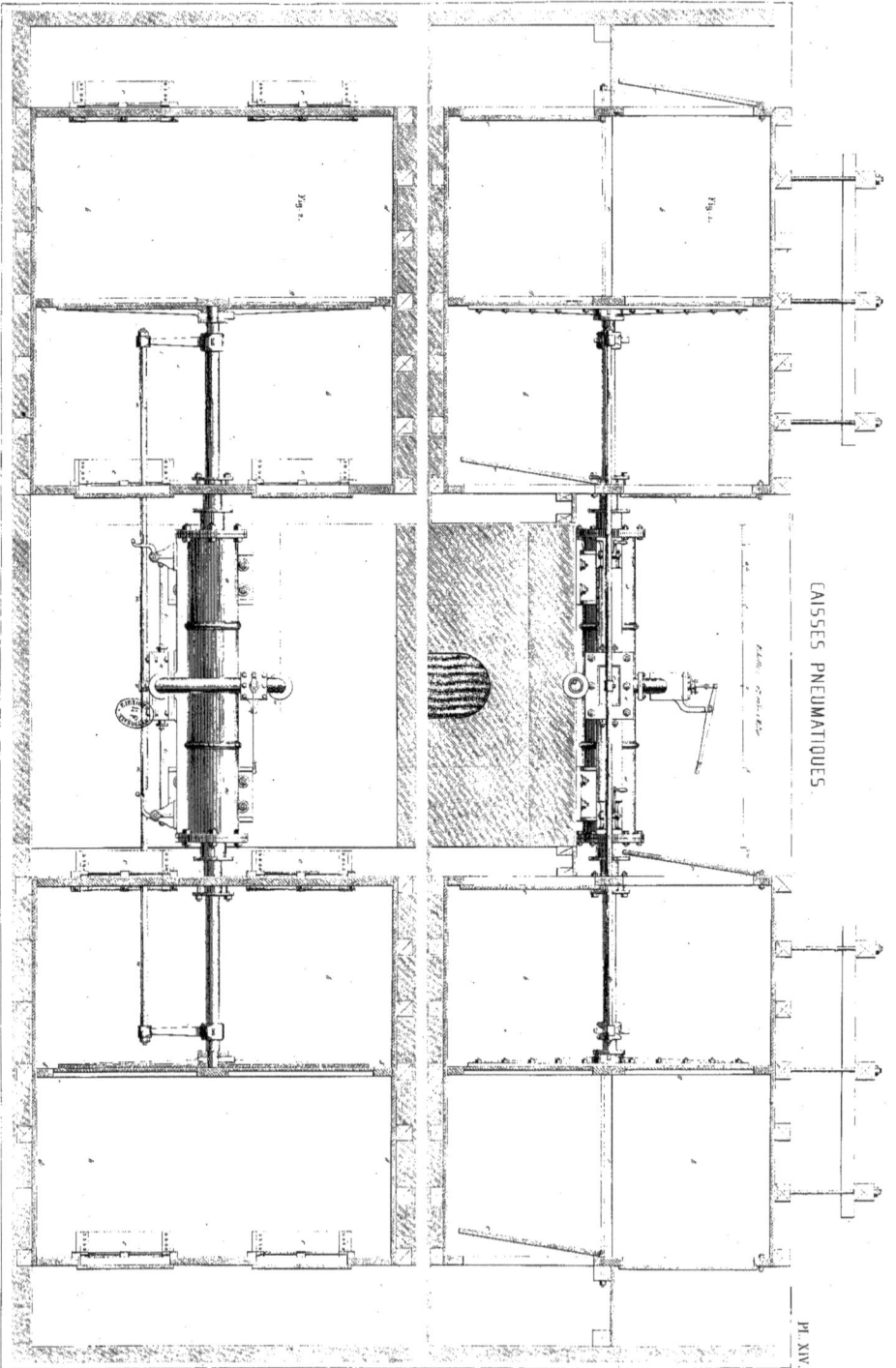

CAISSES PNEUMATIQUES

Fig. 1.

Fig. 2.

Pl. XIV.

VENTILATEURS DE MM. NIXON, STRUVÉ, RITTINGER ET LAMBERT.

NIXON'S, STRUVE'S, RITTINGER'S AND LAMBERT'S VENTILATORS

VENTILATEURS VON NIXON, STRUVE, RITTINGER, LAMBERT

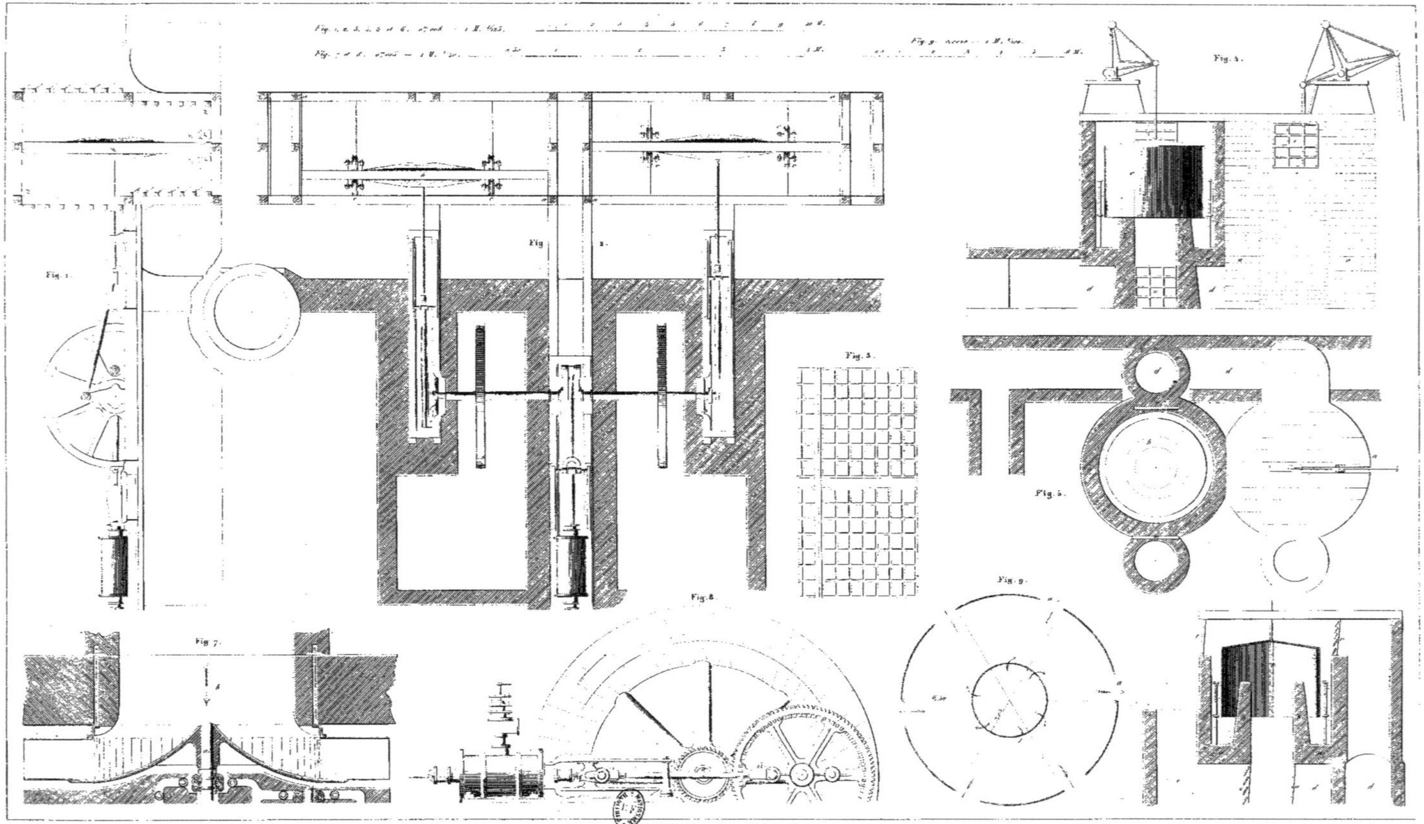

Fig. 1.

Fig. 2.

Fig. 3.

Fig. 4.

Fig. 5.

Fig. 6.

Fig. 7.

Fig. 8.

Fig. 9.

PL. XV

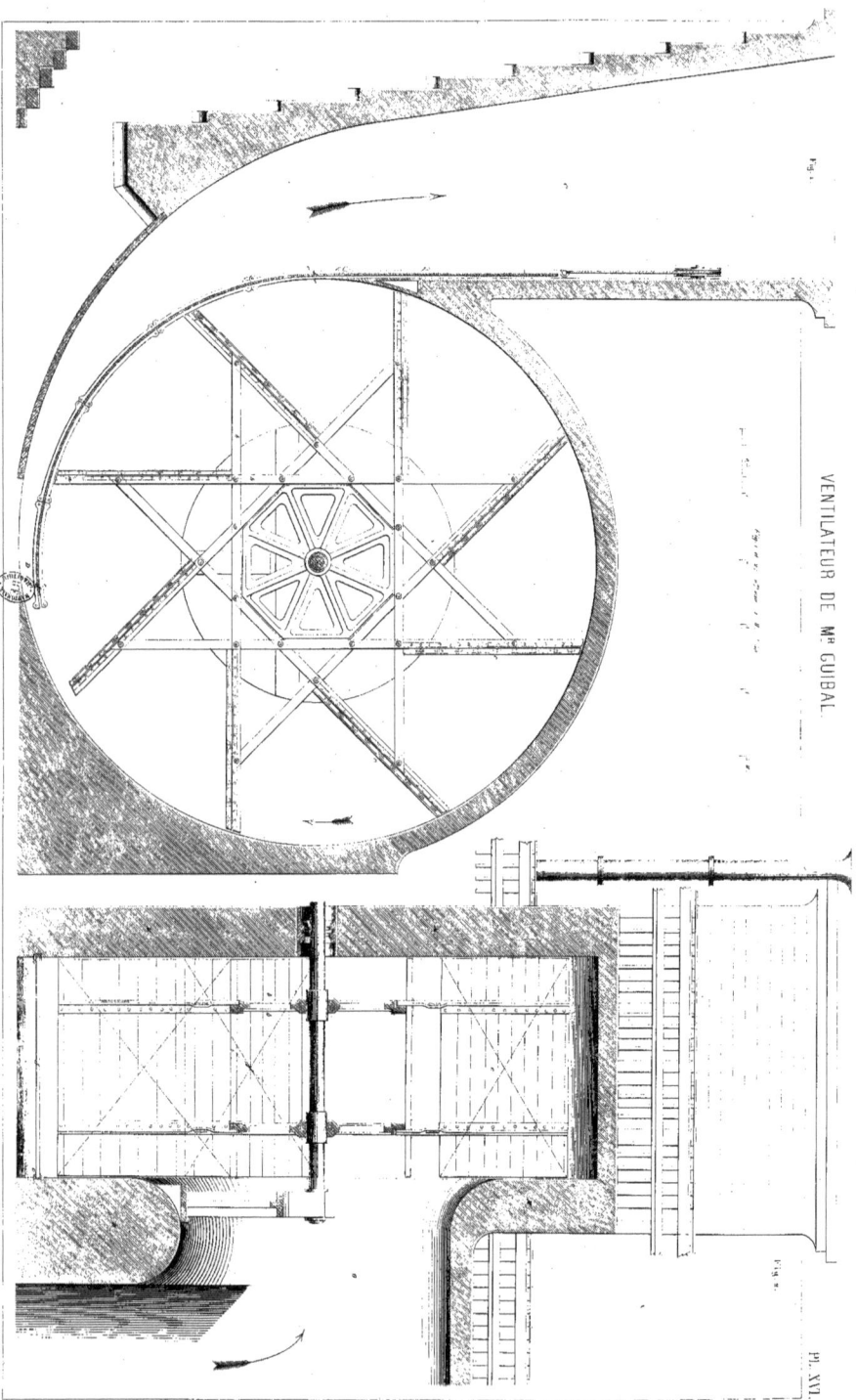

VENTILATEUR DE Mr GUIBAL.

Pl. XVI.

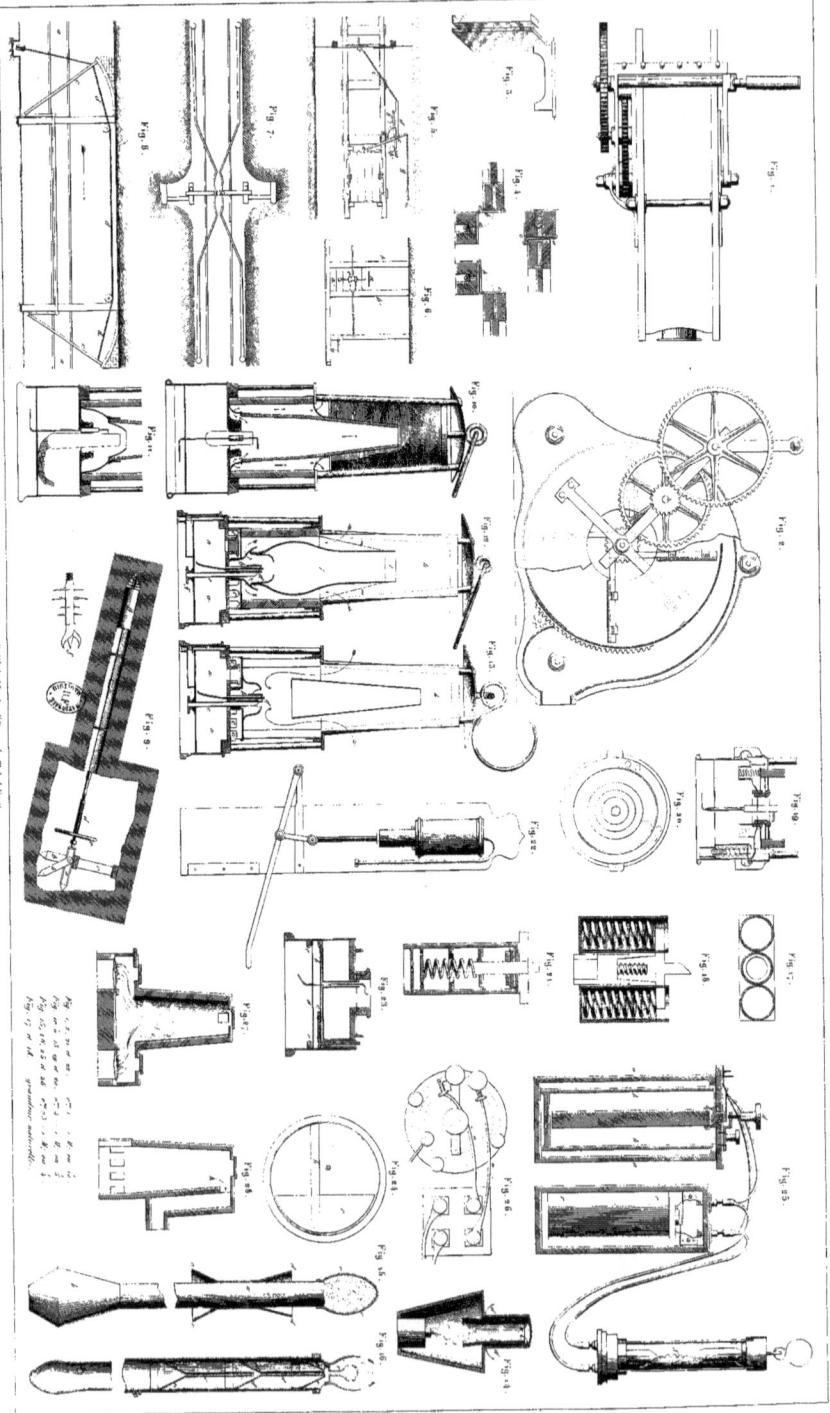

Fig. 1.
Fig. 2.
Fig. 3.
Fig. 4.
Fig. 5.
Fig. 6.
Fig. 7.
Fig. 8.

Fig. 9.
Fig. 10.
Fig. 11.
Fig. 12.
Fig. 13.
Fig. 14.
Fig. 15.
Fig. 16.
Fig. 17.
Fig. 18.
Fig. 19.
Fig. 20.
Fig. 21.
Fig. 22.
Fig. 23.
Fig. 24.
Fig. 25.
Fig. 26.
Fig. 27.
Fig. 28.

PL. XVII.

HAVEUSES MÉCANIQUES.

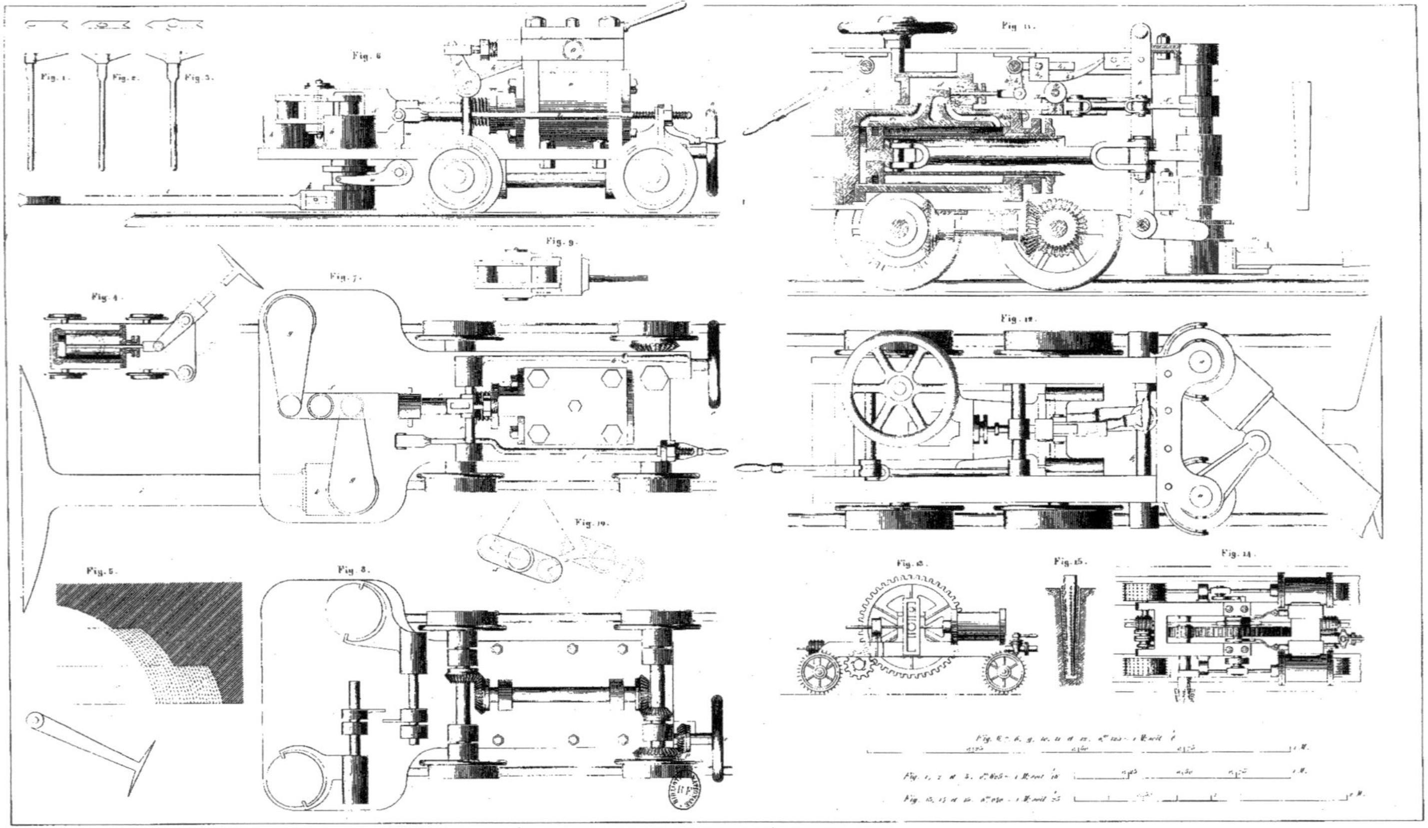

Liège. Établ.t de J. Baudry, Éditeur. Imp.ie de A. Faust.

KEWING MACHINES. SCHRAMMASCHINEN.

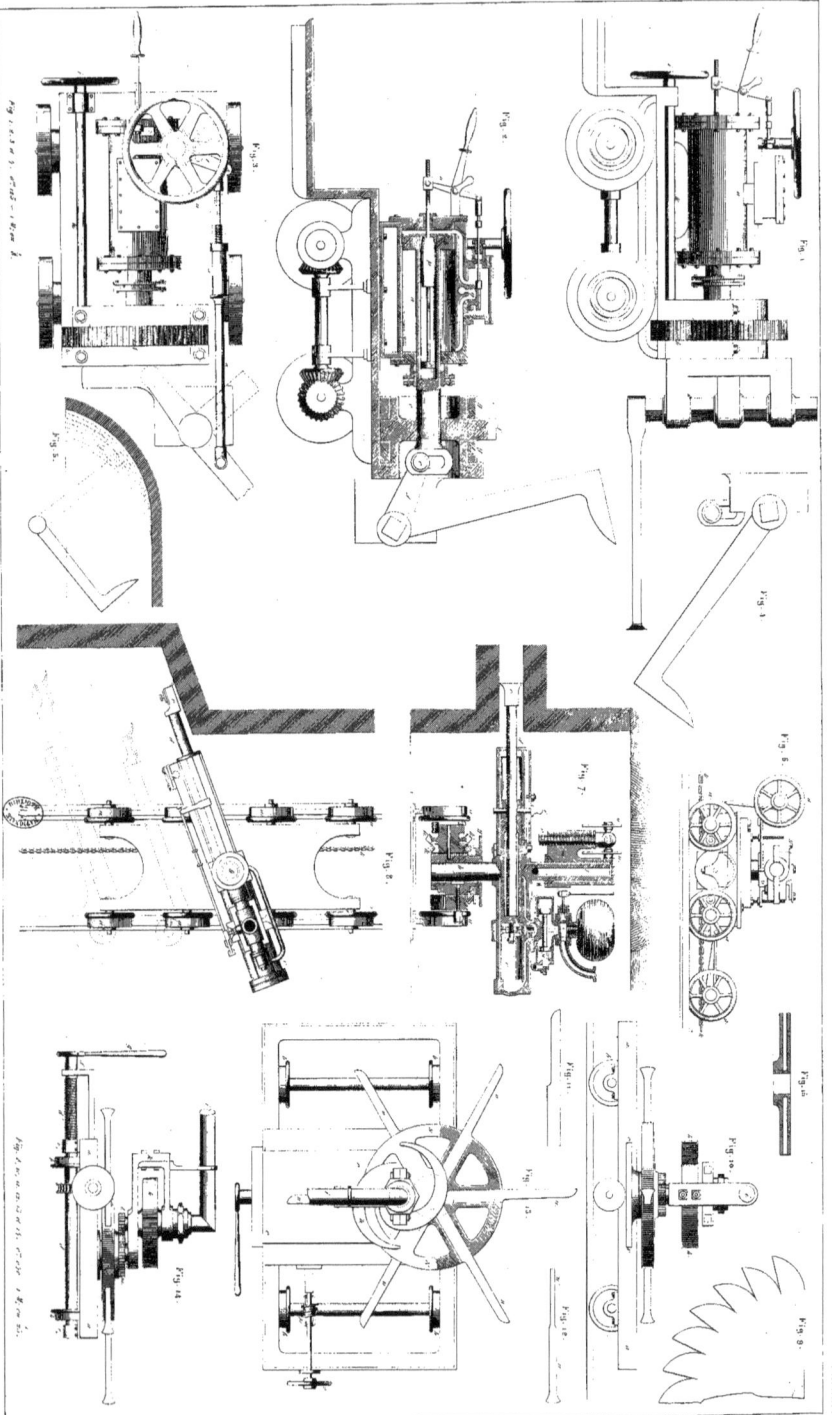

EXPLOITATION EN BELGIQUE

PL. XV.

Fig. 1.

Fig. 2.

Fig. 3.

Fig. 4.

Fig. 5.

Fig. 6.

Fig. 7.

Fig. 8.

Fig. 8 bis.

Fig. 9.

Fig. 10.

EXPLOITATION EN FRANCE ET EN WESTPHALIE.

PL. XXI.

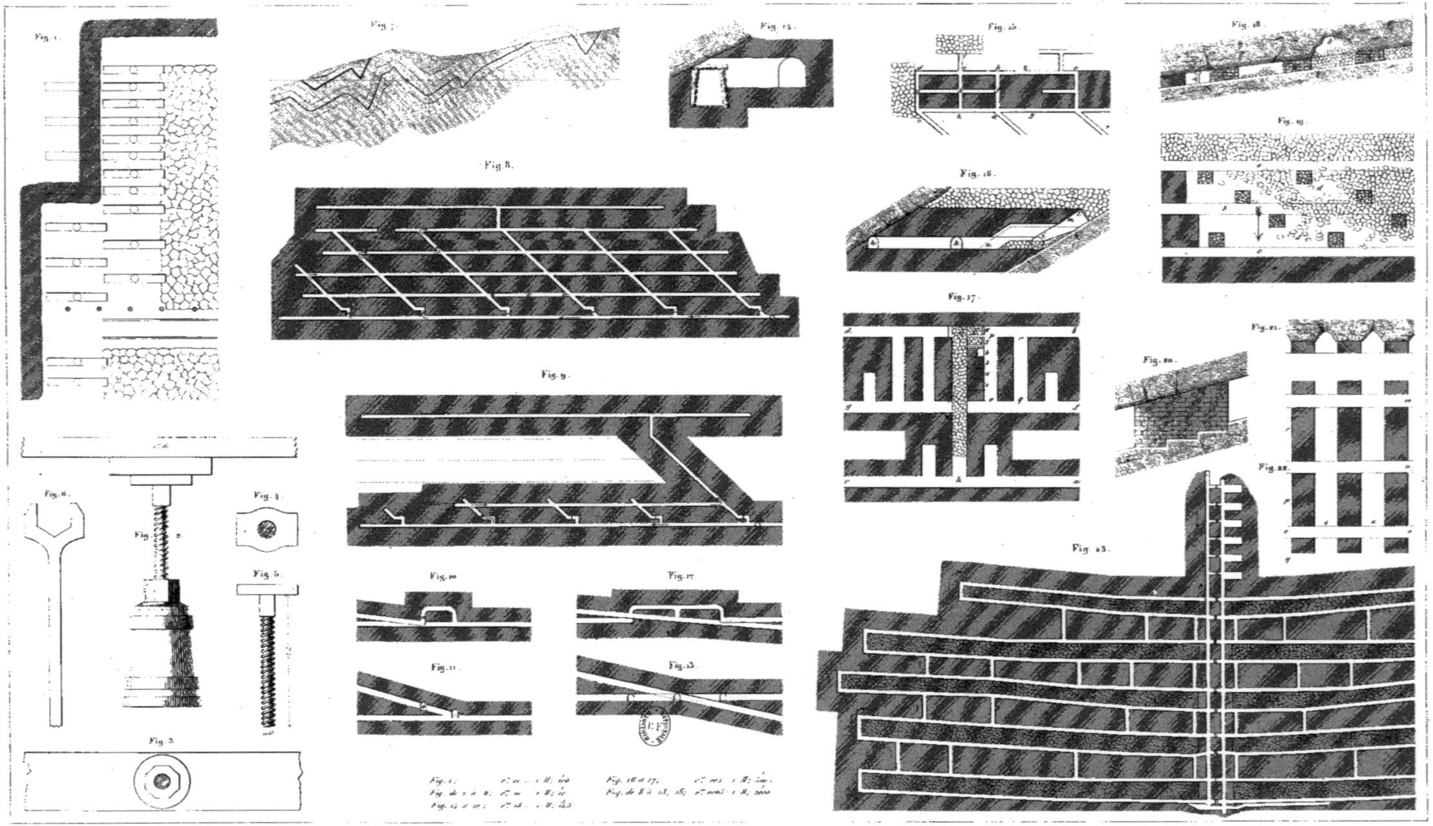

COAL WORKING IN FRANZ AND IN WESTPHALIA.

BERGBAU IN FRANKREICH UND WESTPHALEN

EXPLOITATION EN AUTRICHE, EN PRUSSE ET EN ÉCOSSE.

PL. XVII.

Fig. 1. Fig. 2. Fig. 3. Fig. 4. Fig. 5. Fig. 6. Fig. 7. Fig. 8. Fig. 9. Fig. 10. Fig. 11. Fig. 12. Fig. 13. Fig. 14. Fig. 15. Fig. 16. Fig. 17. Fig. 18. Fig. 19. Fig. 20. Fig. 21. Fig. 22. Fig. 23.

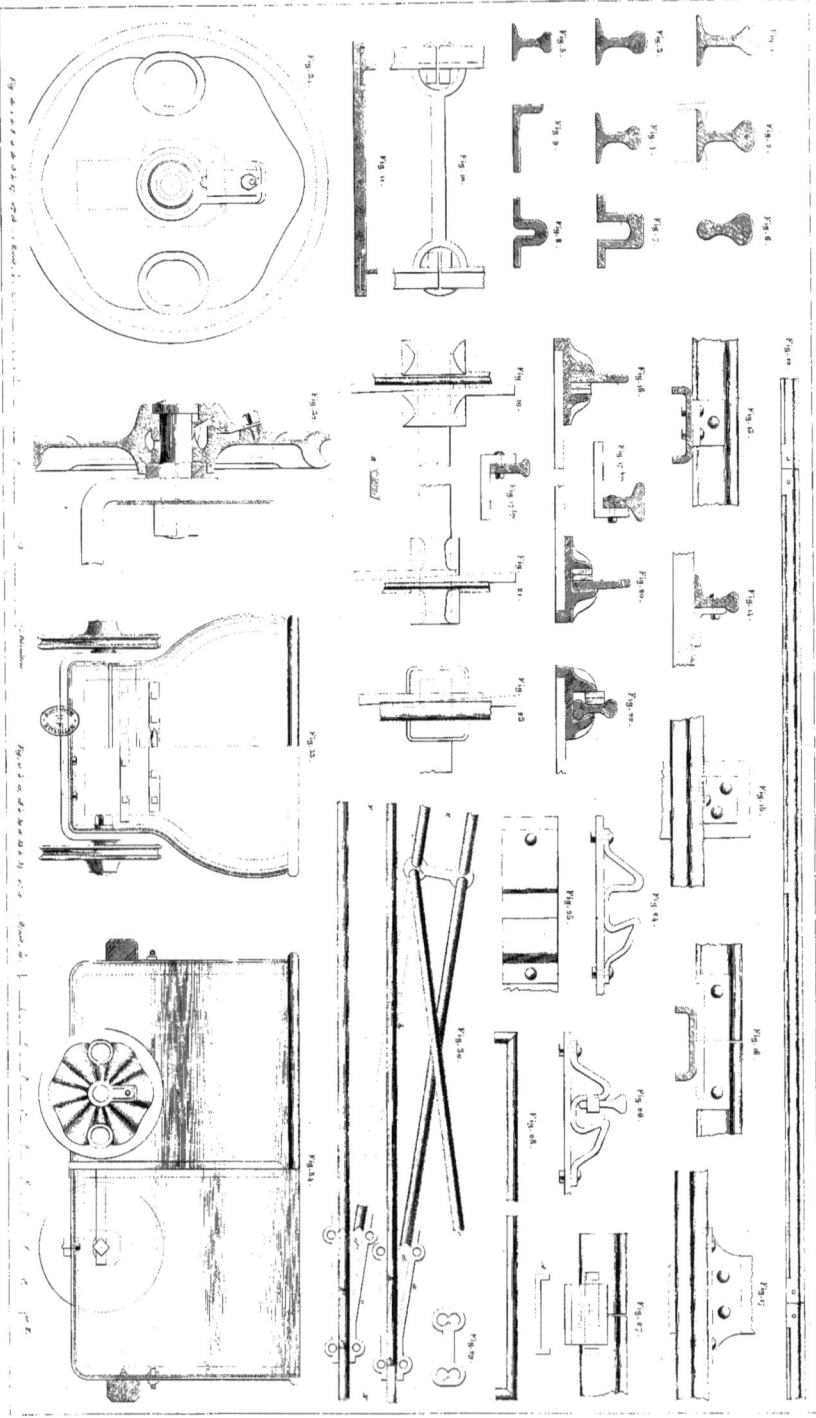

VOIES ET VOITURES.

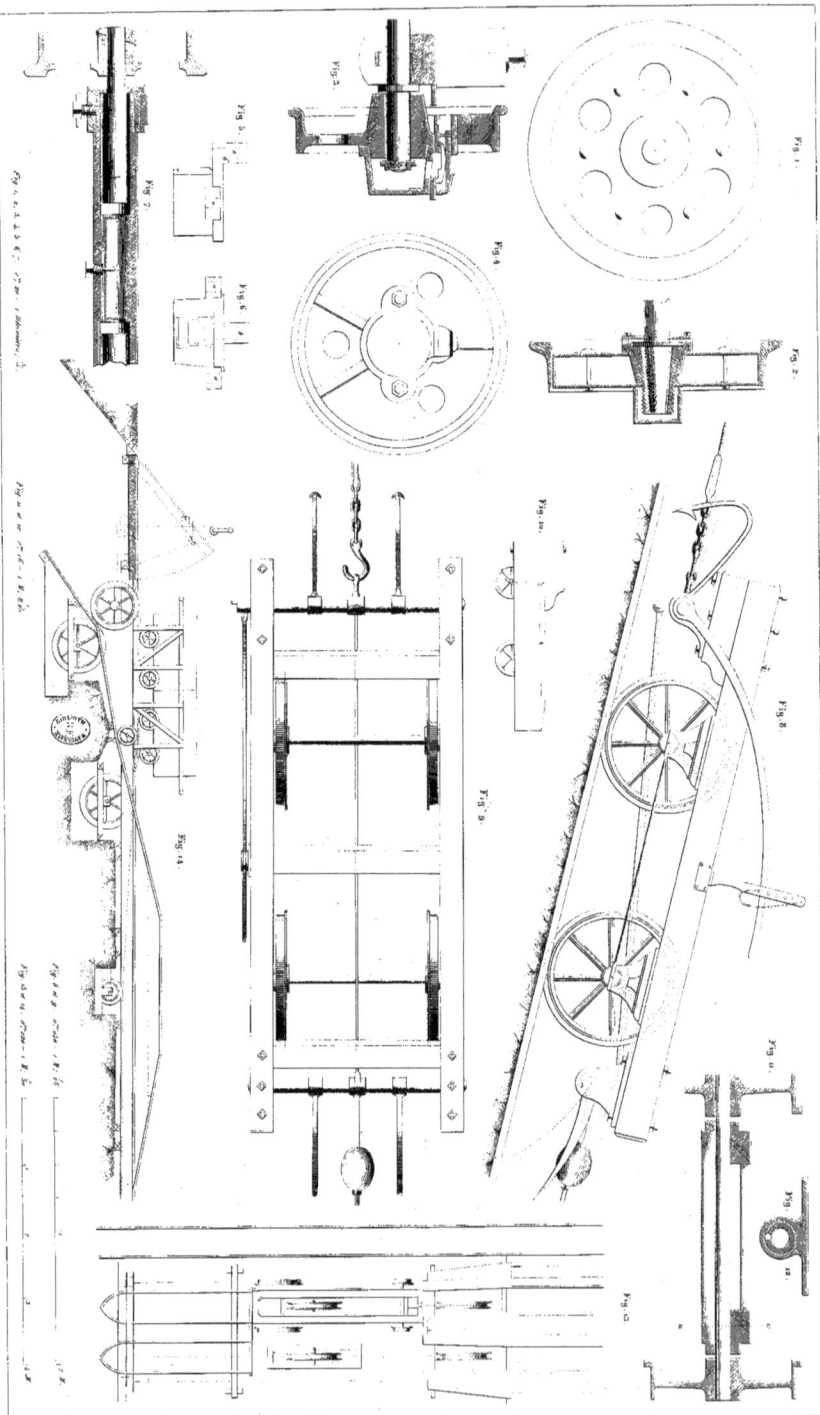

Pl. XXIV.

WHEELS. BRAKES. HAULING ON SLOPES.

RÄDER. BREMSE. FÖRDERUNG IN ABHÄNGEN ODER GÄSSKEN.

Fig. 1.

Fig. 2.

Fig. 3.

Fig. 4.

Fig. 5.

Fig. 6.

Fig. 7.

Fig. 8.

Fig. 9.

Fig. 10.

Fig. 11.

Fig. 12.

Fig. 13.

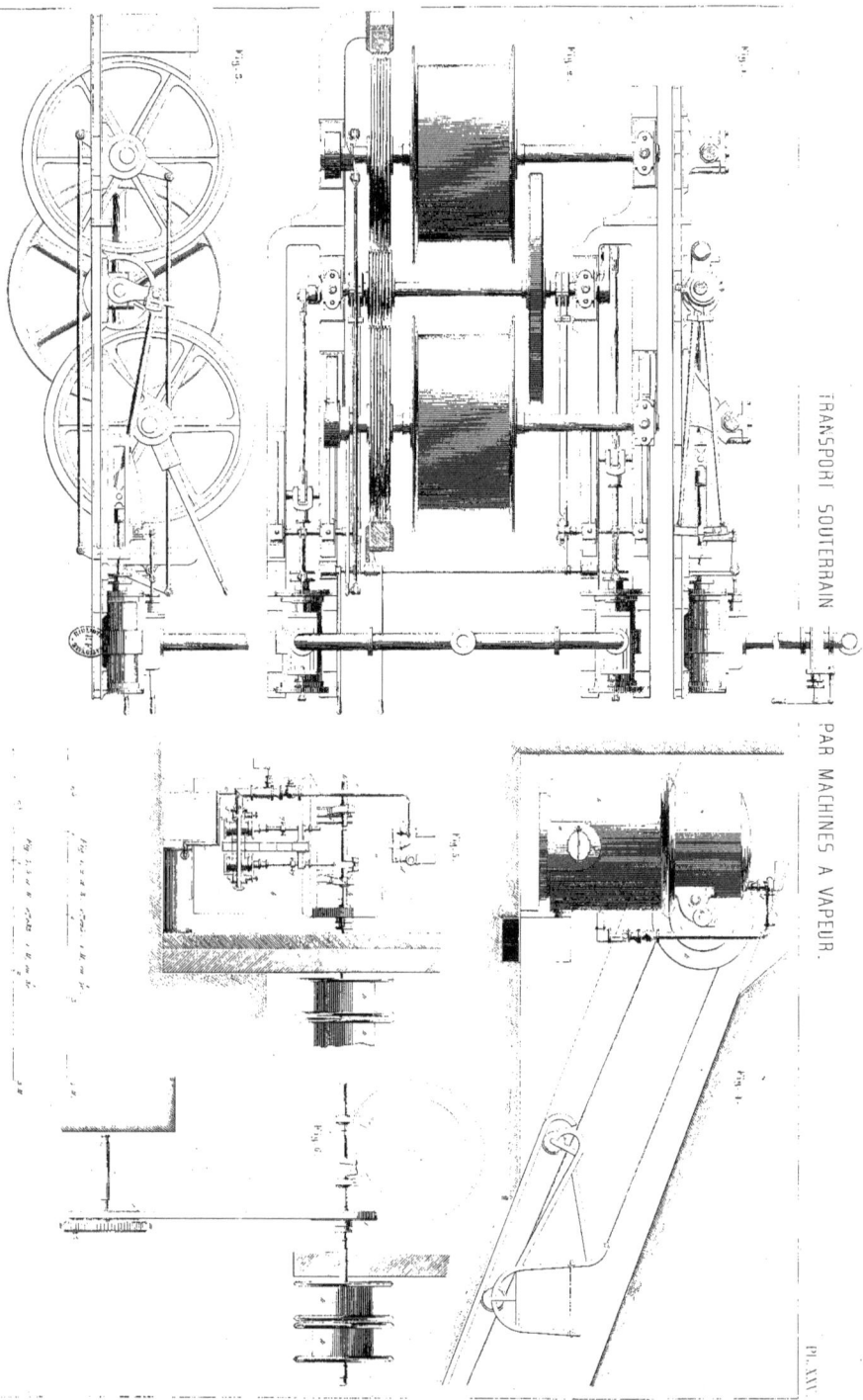

Pl. XVI

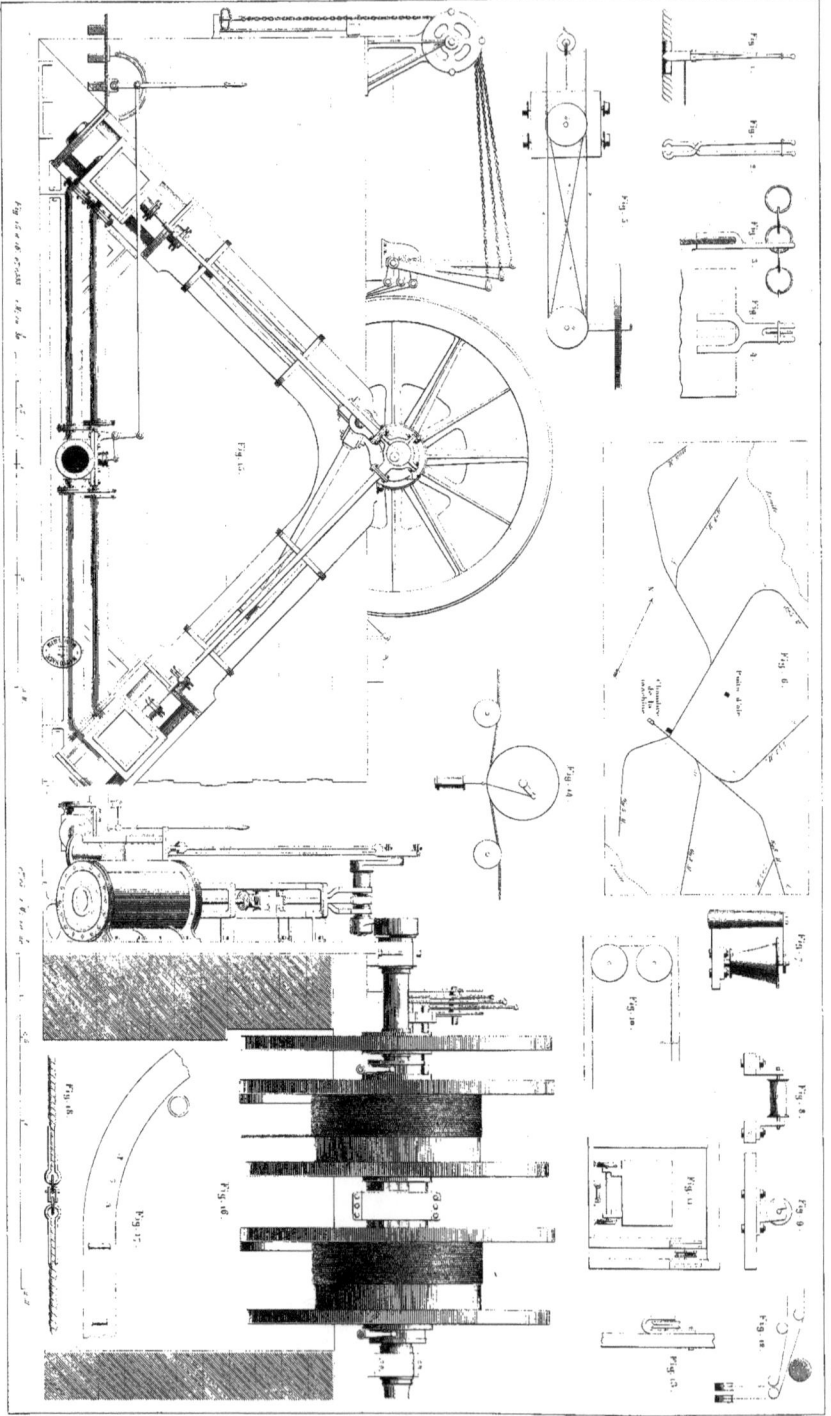

Pl. XXVI.

Fig. 1.

Fig. 2.

Fig. 3.

Fig. 4.

Fig. 5.

Fig. 6.

Fig. 7.

Fig. 8.

Fig. 9.

Fig. 10.

Fig. 11.

Fig. 12.

Fig. 13.

Fig. 14.

Fig. 15.

Fig. 16.

Fig. 17.

Fig. 18.

Fig. 19.

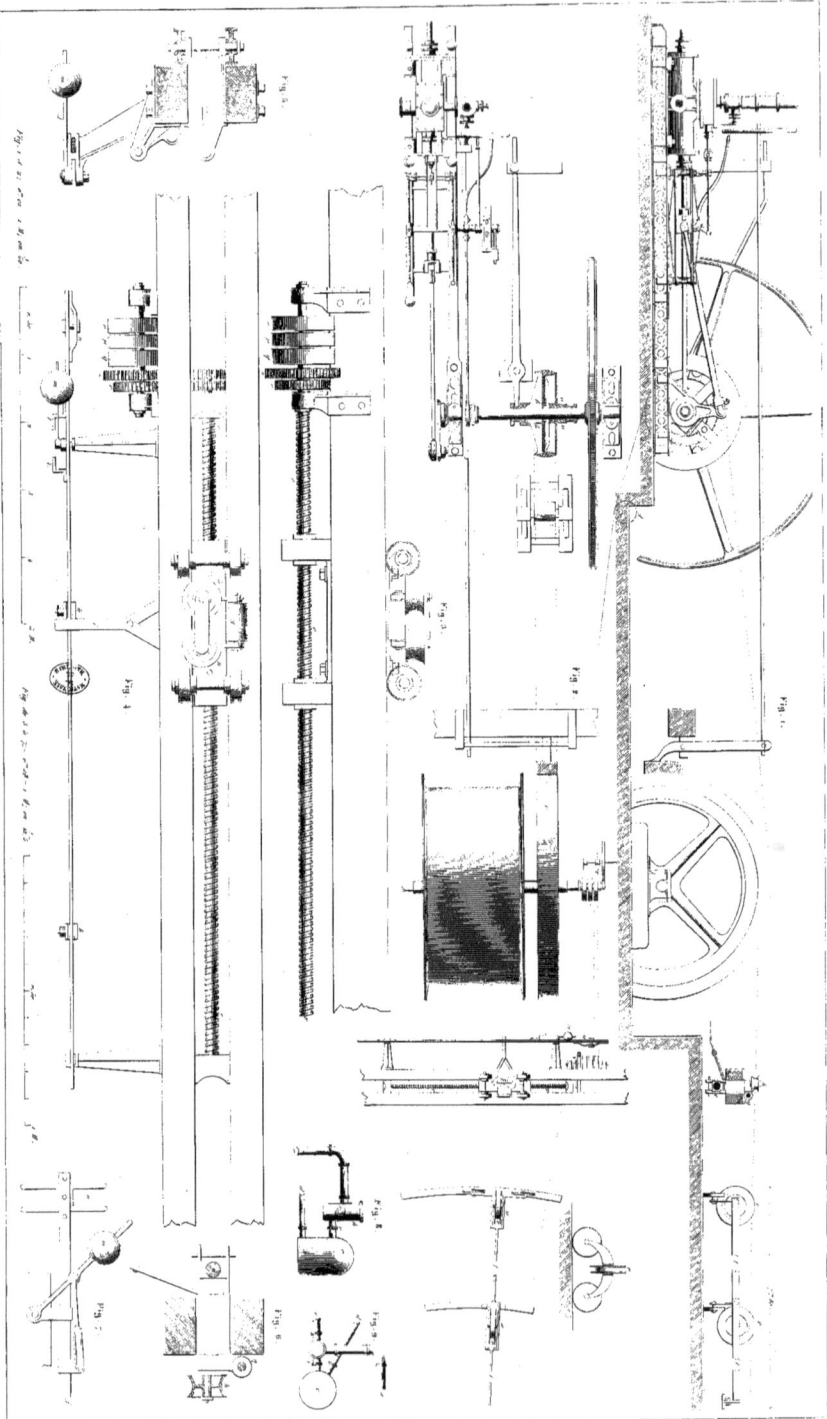

TRANSPORT SOUTERRAIN DANS LA MINE DE VON-DER-HEYDT.

PL. XXVII

Pl. XXVIII.

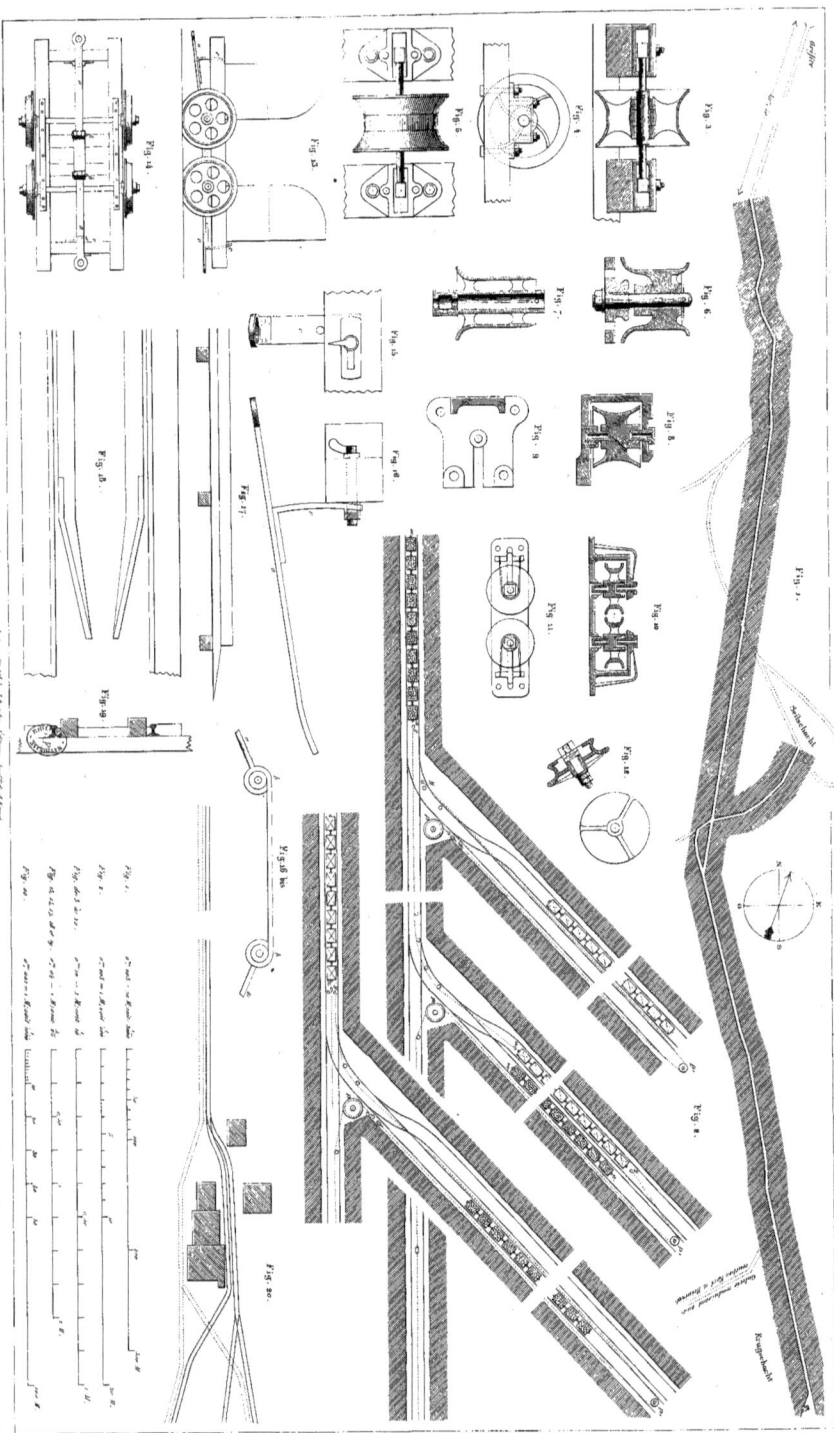

HAULING BY STEAM, AT THE VON-DER-HEYDT'S MINE.

HAUPTFÖRDERUNG AUF DER VON-DER-HEYDT GRUBE.

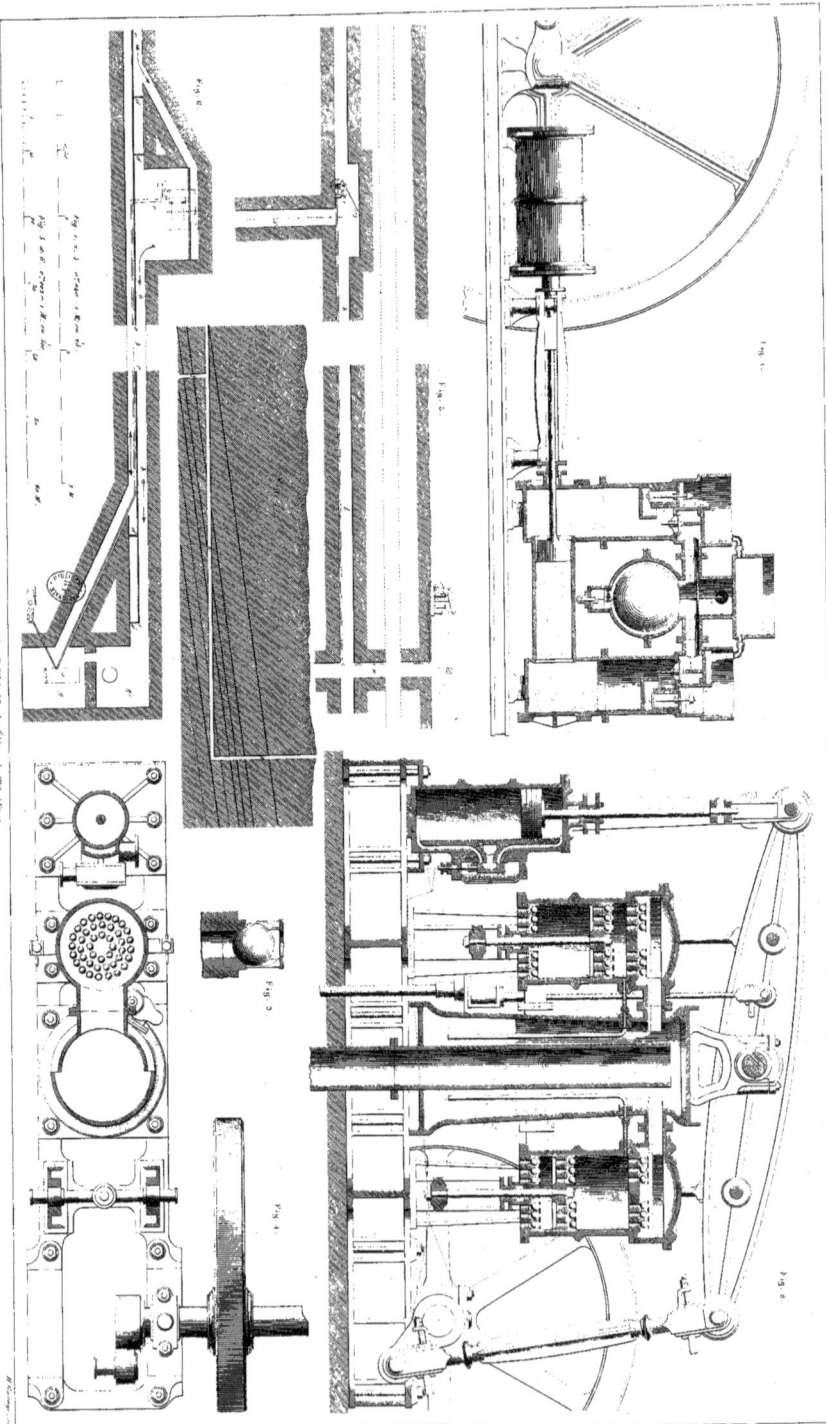

ANCIEN APPAREIL A COMPRIMER L'AIR.

PL. XXIX.

Fig. 1

Fig. 2

Fig. 3

Fig. 4

Fig. 5

Fig. 6

Pl. III

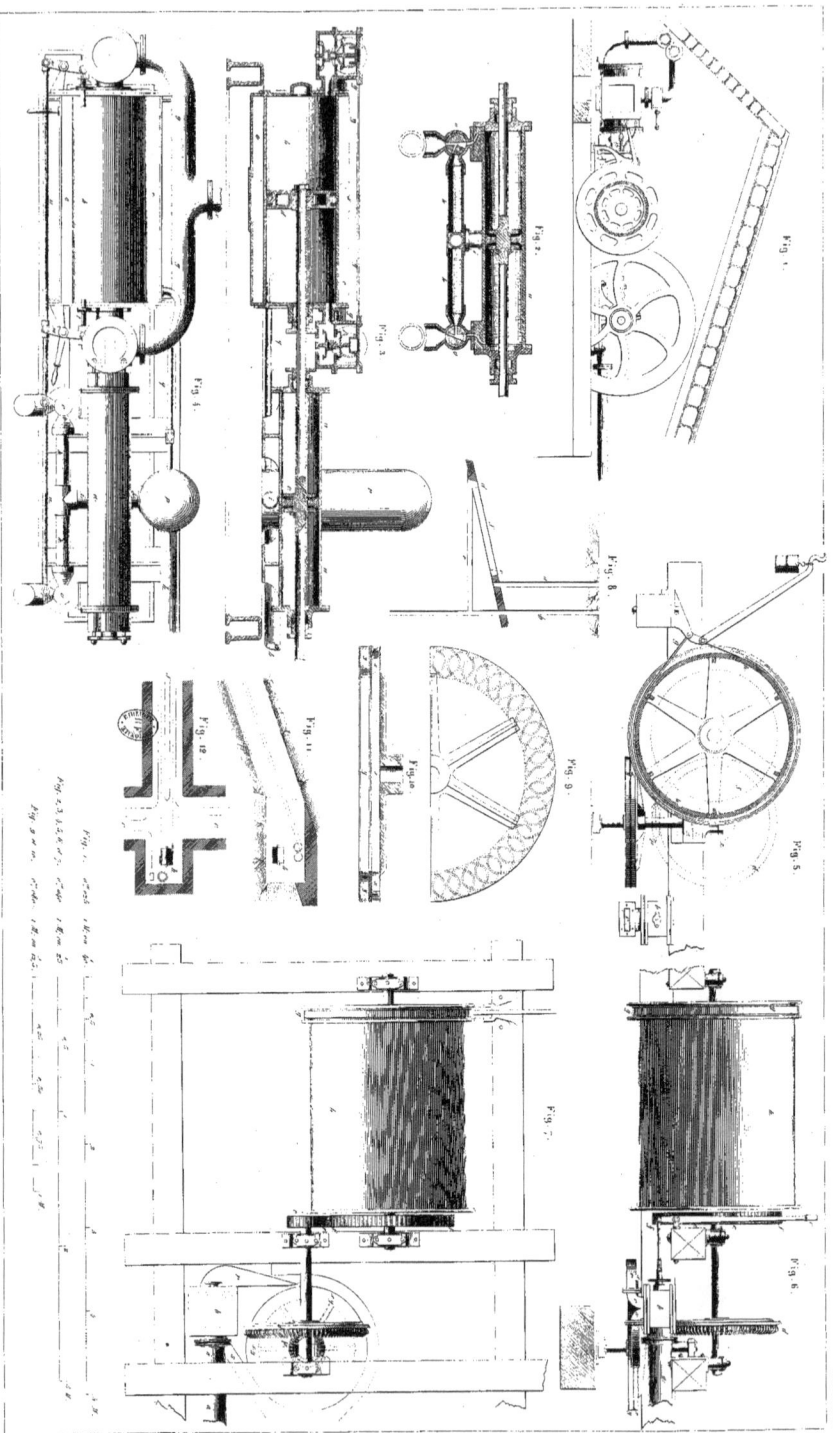

Fig. 1.

Fig. 2.

Fig. 3.

Fig. 4.

Fig. 5.

Fig. 6.

Fig. 7.

Fig. 8.

Fig. 9.

Fig. 10.

Fig. 11.

Fig. 12.

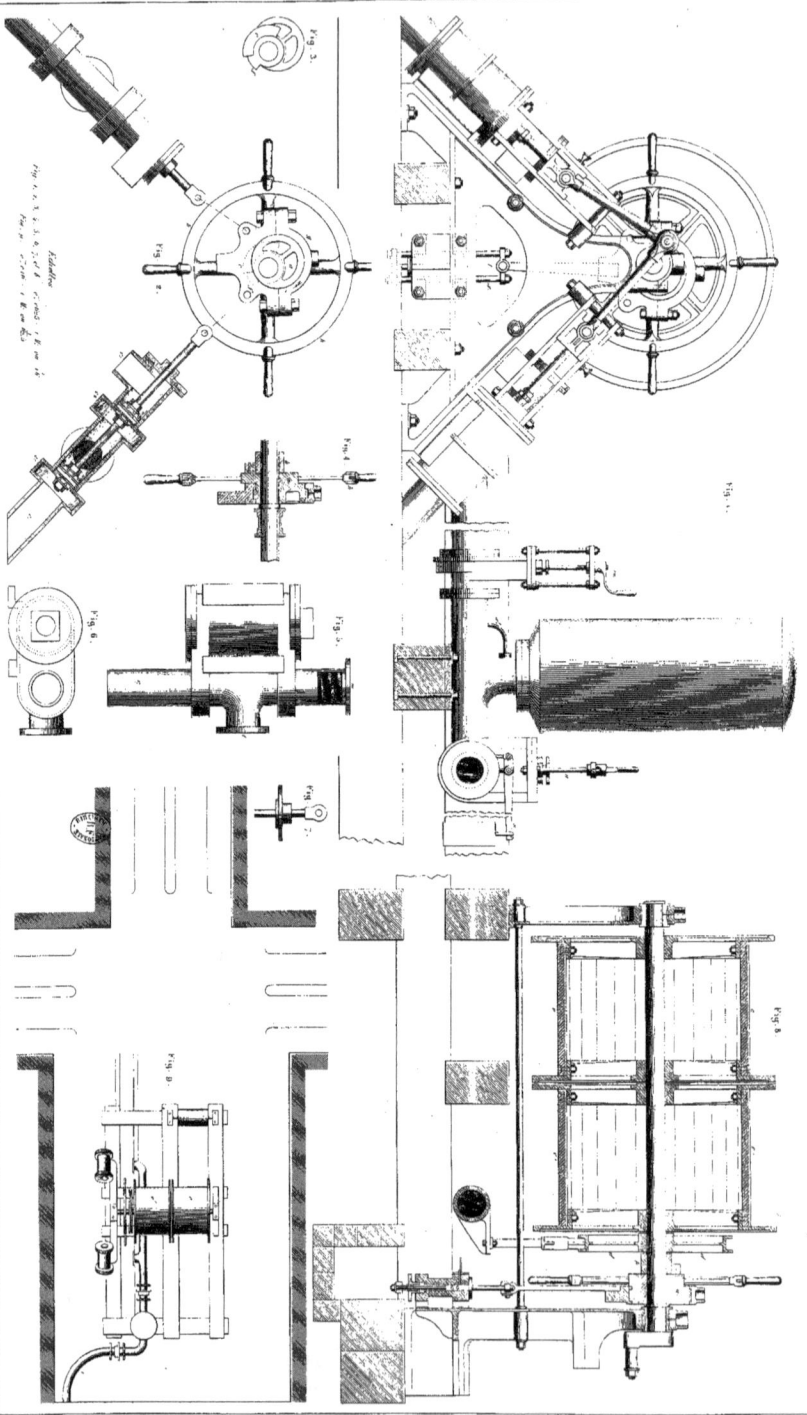

TRANSPORT SOUTERRAIN. MACHINE A COLONNE D'EAU.

Fig. 1.

Fig. 2.

Fig. 3.

Fig. 4.

Fig. 5.

Fig. 6.

Fig. 7.

Fig. 8.

Fig. 9.

SOUTERRANEOUS HAULING HYDRAULIC COLUMN ENGINE

SÖTERRANISCHER TRANSPORT WASSERSÄULEN-MACHINE

PL. XVII.

INCLINED SELF-ACTING PLANS WHIMS AND BRAKES

BREMSBERGE BREMSHASPEL UND BREMSZAÜGE

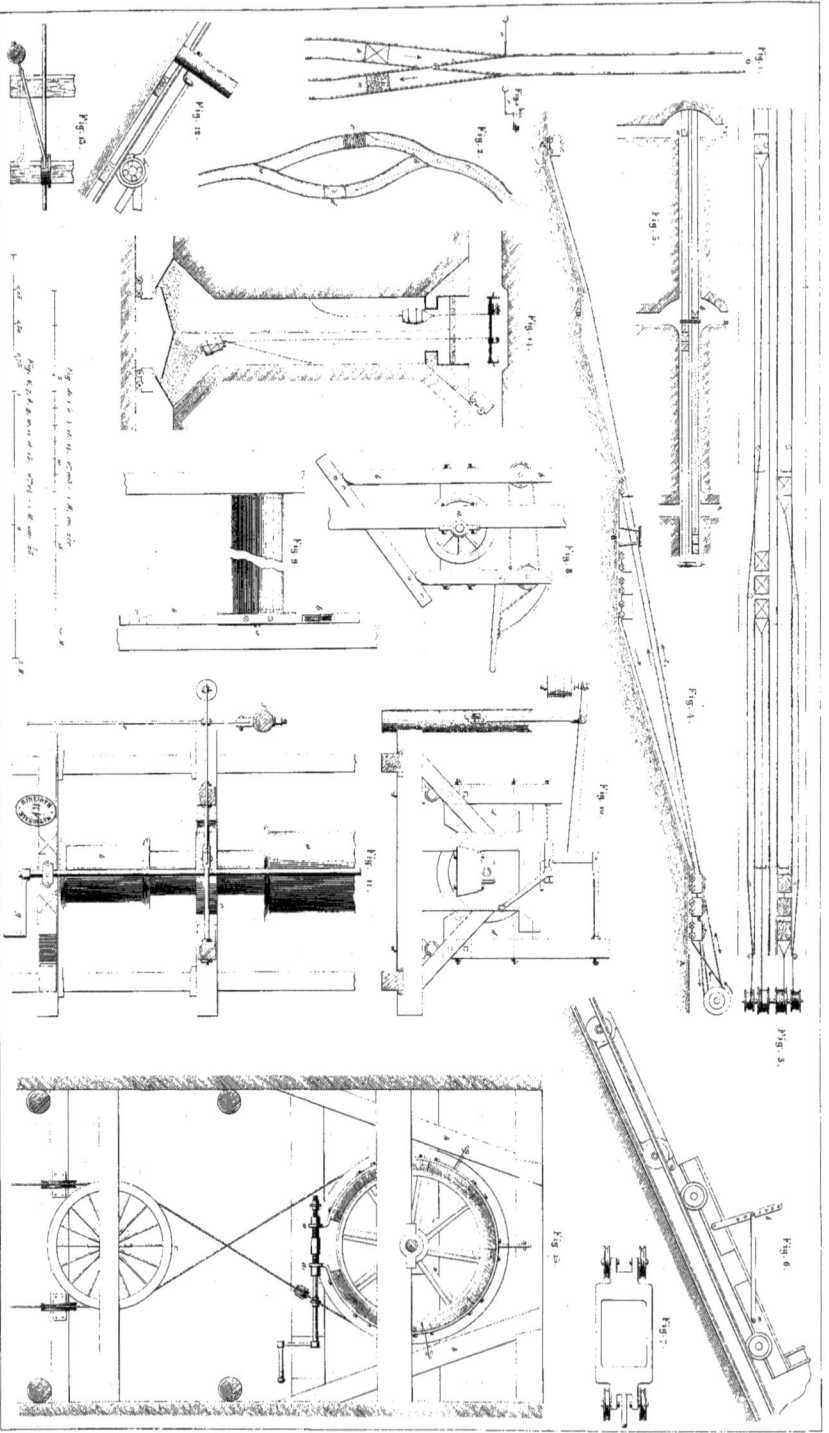

Fig. 1.

Fig. 2.

Fig. 3.

Fig. 4.

Fig. 5.

Fig. 6.

Fig. 7.

Fig. 8.

Fig. 9.

Fig. 10.

Fig. 11.

Fig. 12.

Fig. 13.

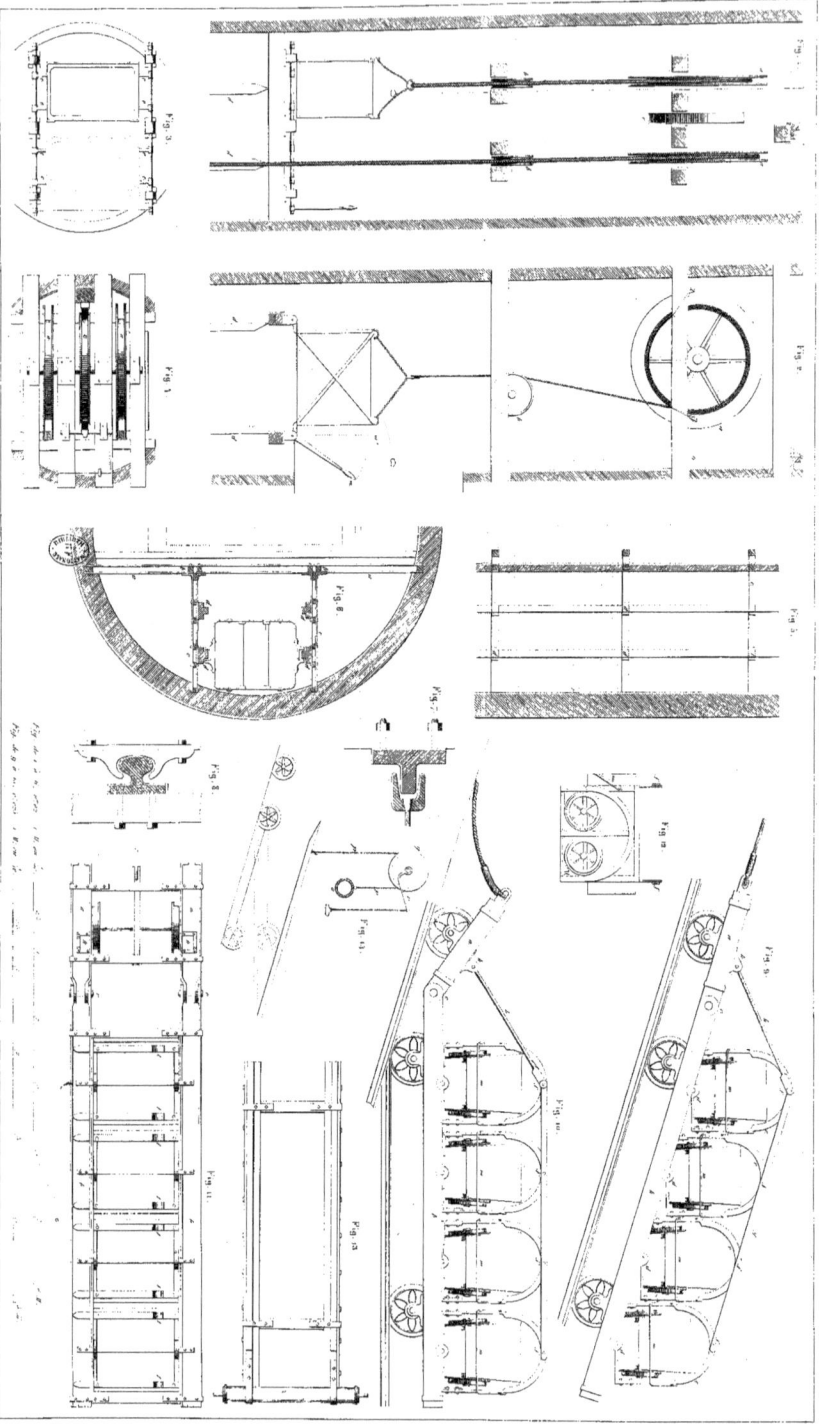

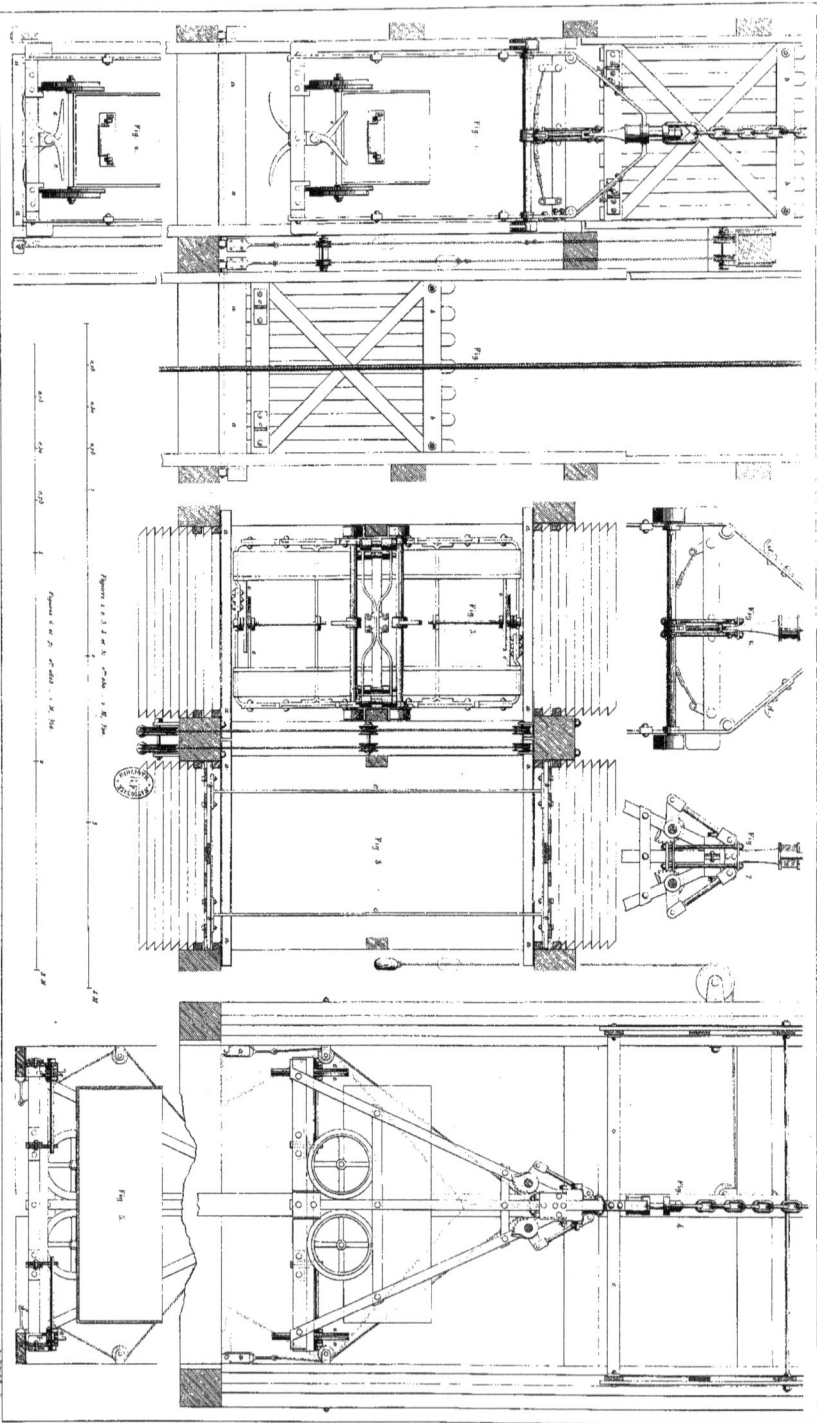

CAGES PYRAMIDALES A FERMETURES AUTOMATIQUES

PYRAMIDAL CAGES WITH SELF-FASTENINGS.

PYRAMIDISCHE SCHALEN MIT SELBSTVERSCHLIESSUNGEN.

PL. XXXV.

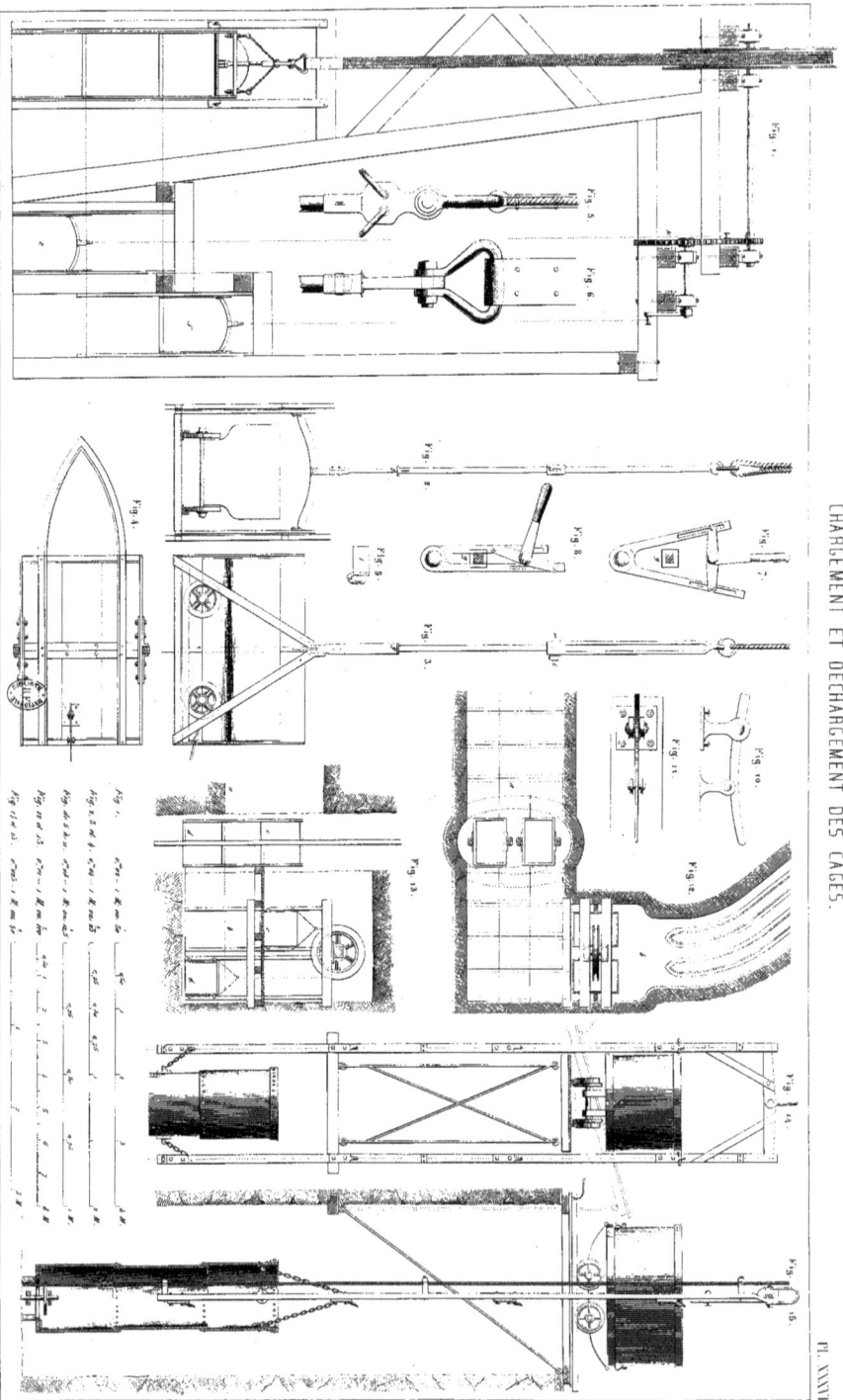

CHARGEMENT DES CAGES A PLUSIEURS ÉTAGES.

LOADING OF THE CAGES WITH A FEW FLOORS.

LADEN DER EINGANGSSTELLE.

PL. XXXVII.

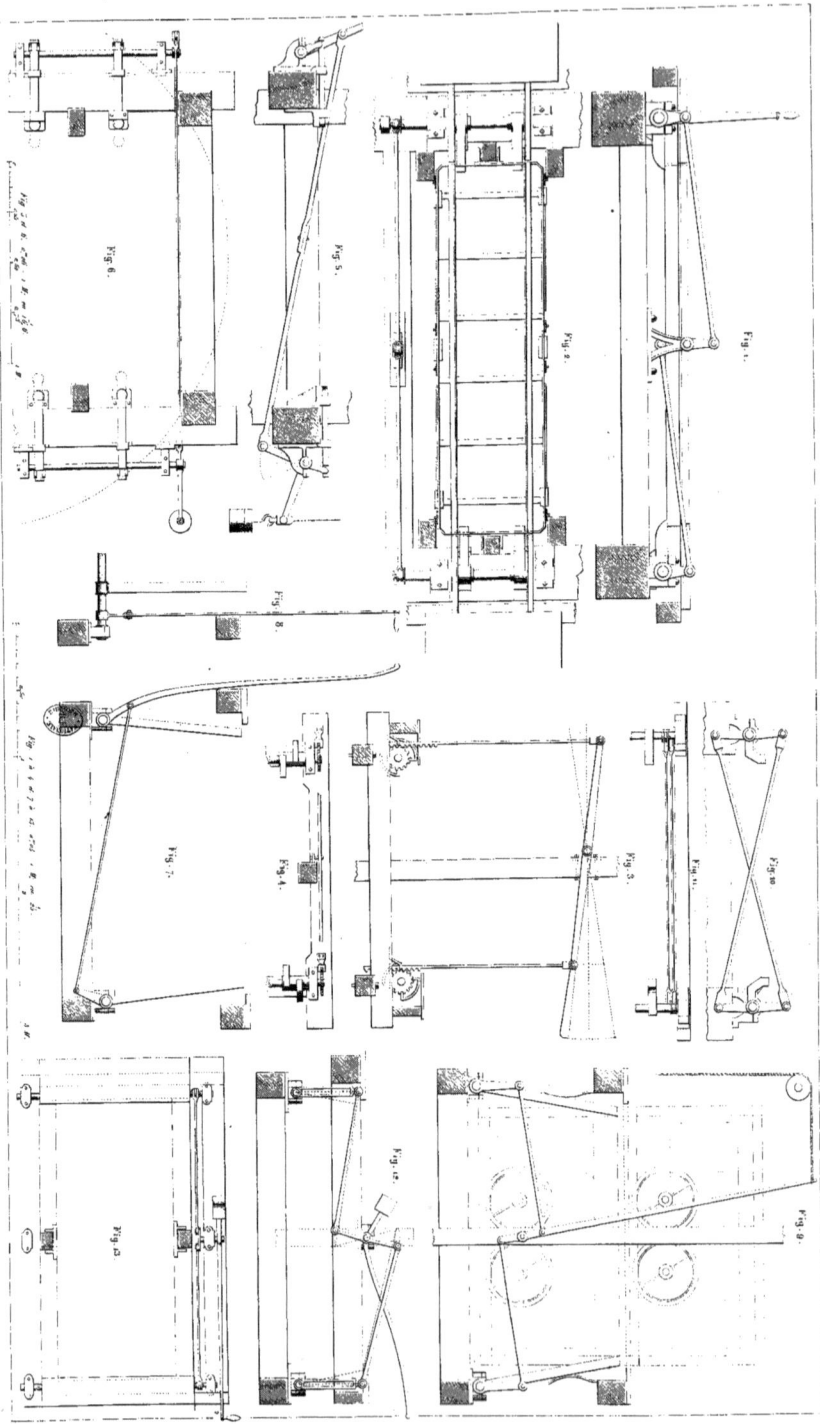

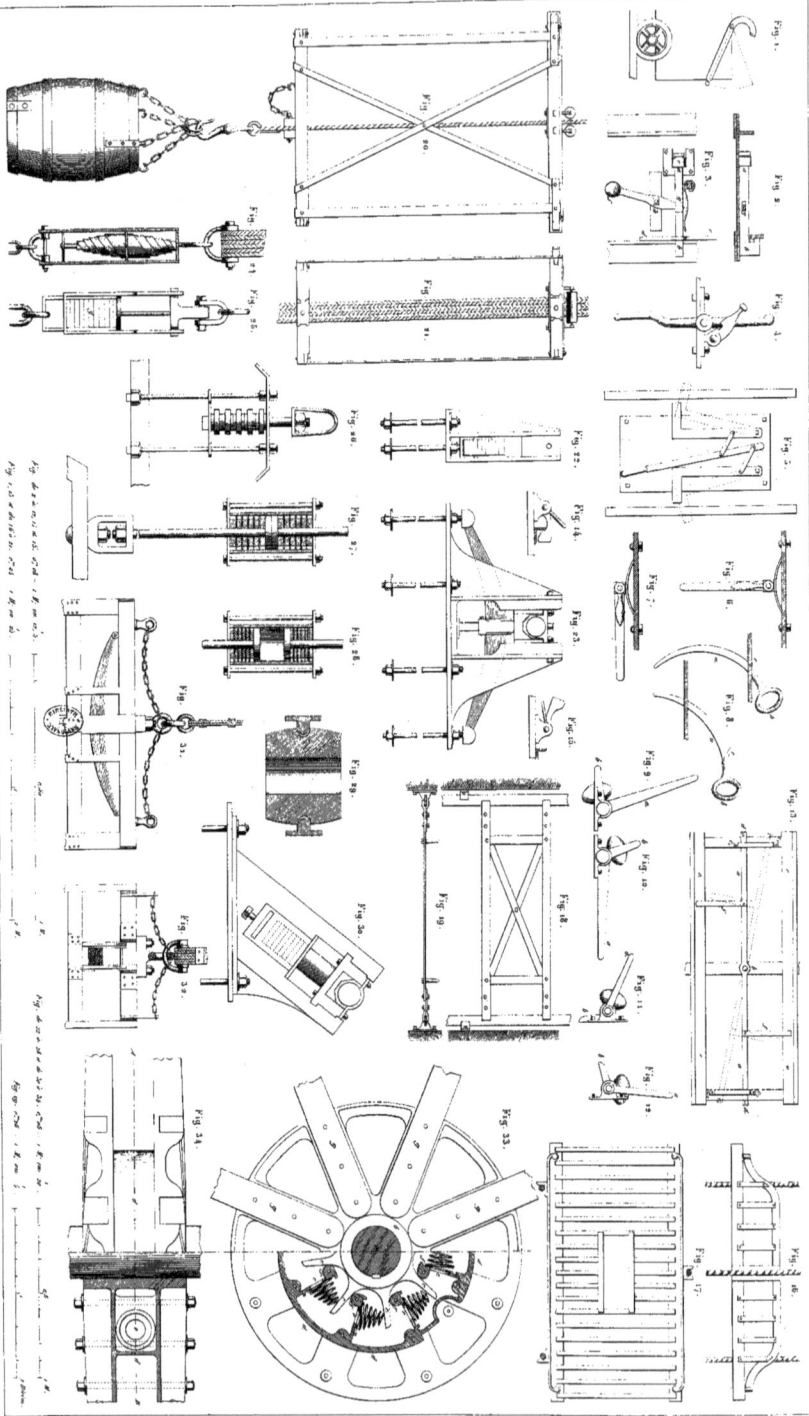

FASTENINGS OF CAGES AND SHAFTS.—SPRING-SUSPENSIONS.

VERSCHLUSSWEGEN DER SCHÄCHTE.—FEDER-AUFHÄNGUNGEN.

PL. XXXIX.

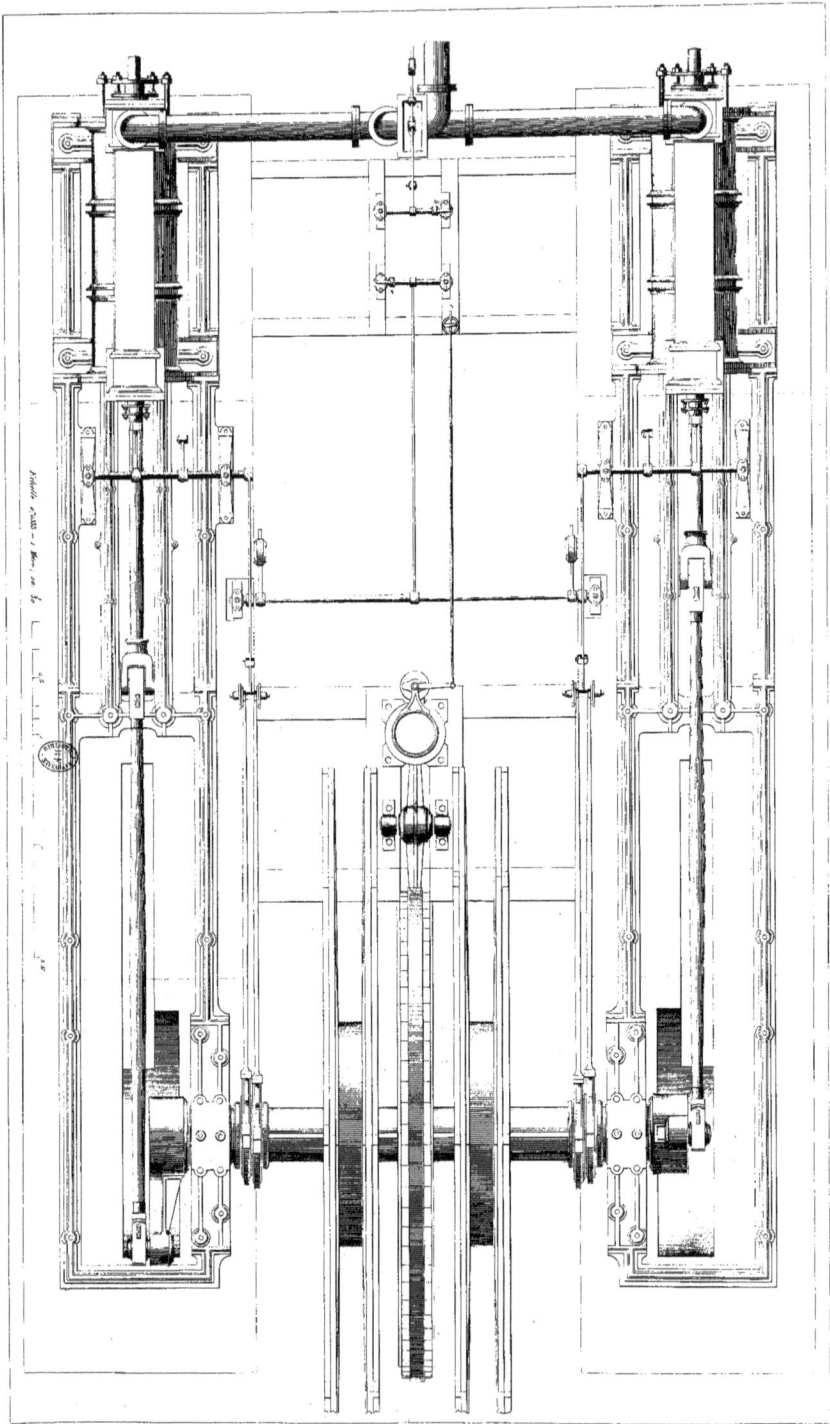

MACHINE D'EXTRACTION A CYLINDRES HORIZONTAUX.

DRAWING ENGINE WITH HORIZONTAL CYLINDERS.

FÖRDERUNGS MASCHINE MIT HORIZONTALE CYLINDERN.

Pl. VI.

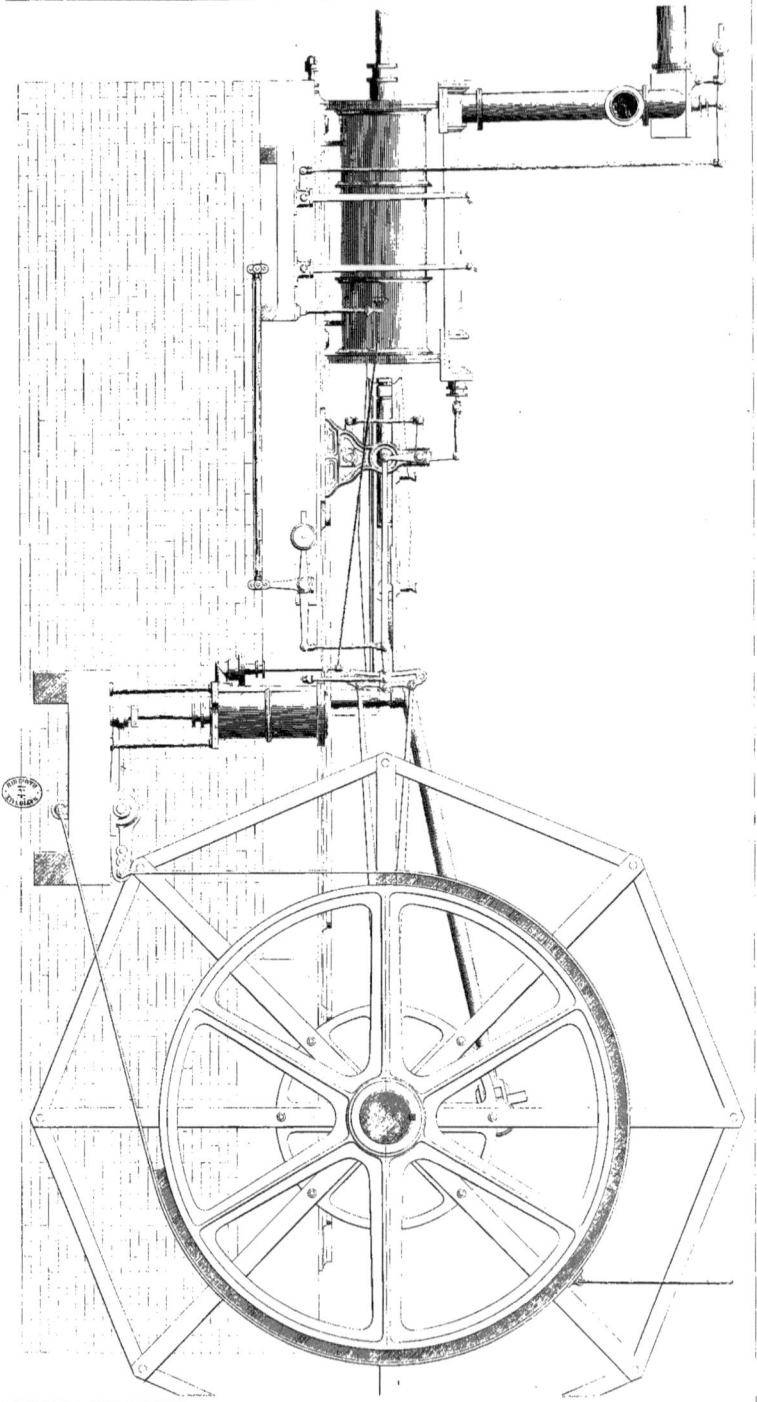

Pl. XLI.

Pl. XLII.

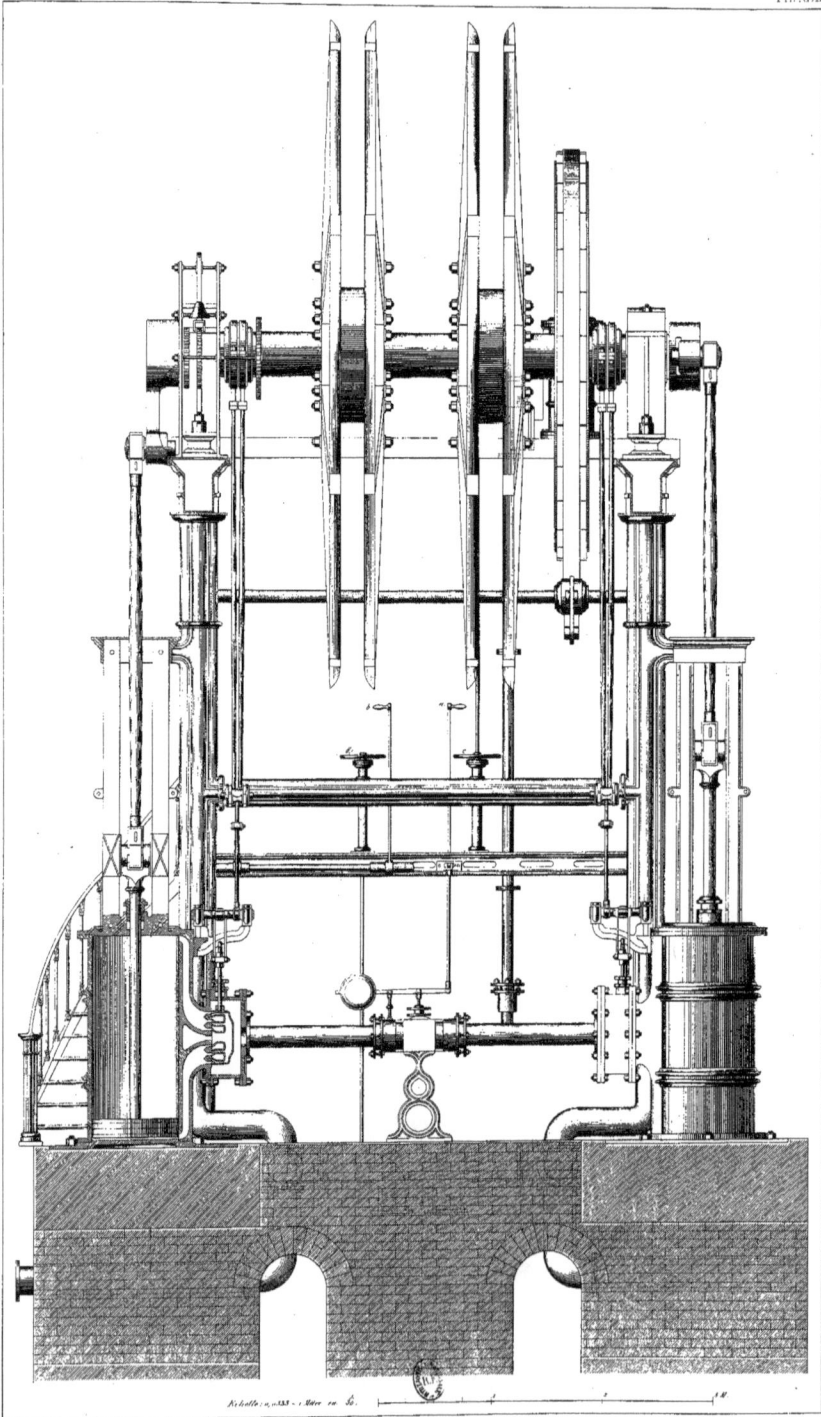

Echelle: 0,0,33 : 1 Mètre en 5.

Liége — Imp. de J. Desoer, éditeur Ing. de Paust

DRAWING ENGINE WITH VERTICAL CYLINDERS.

FÖRDERUNGS MASCHINE MIT VERTICALEN CYLINDER.

MACHINE D'EXTRACTION A CYLINDRES VERTICAUX.

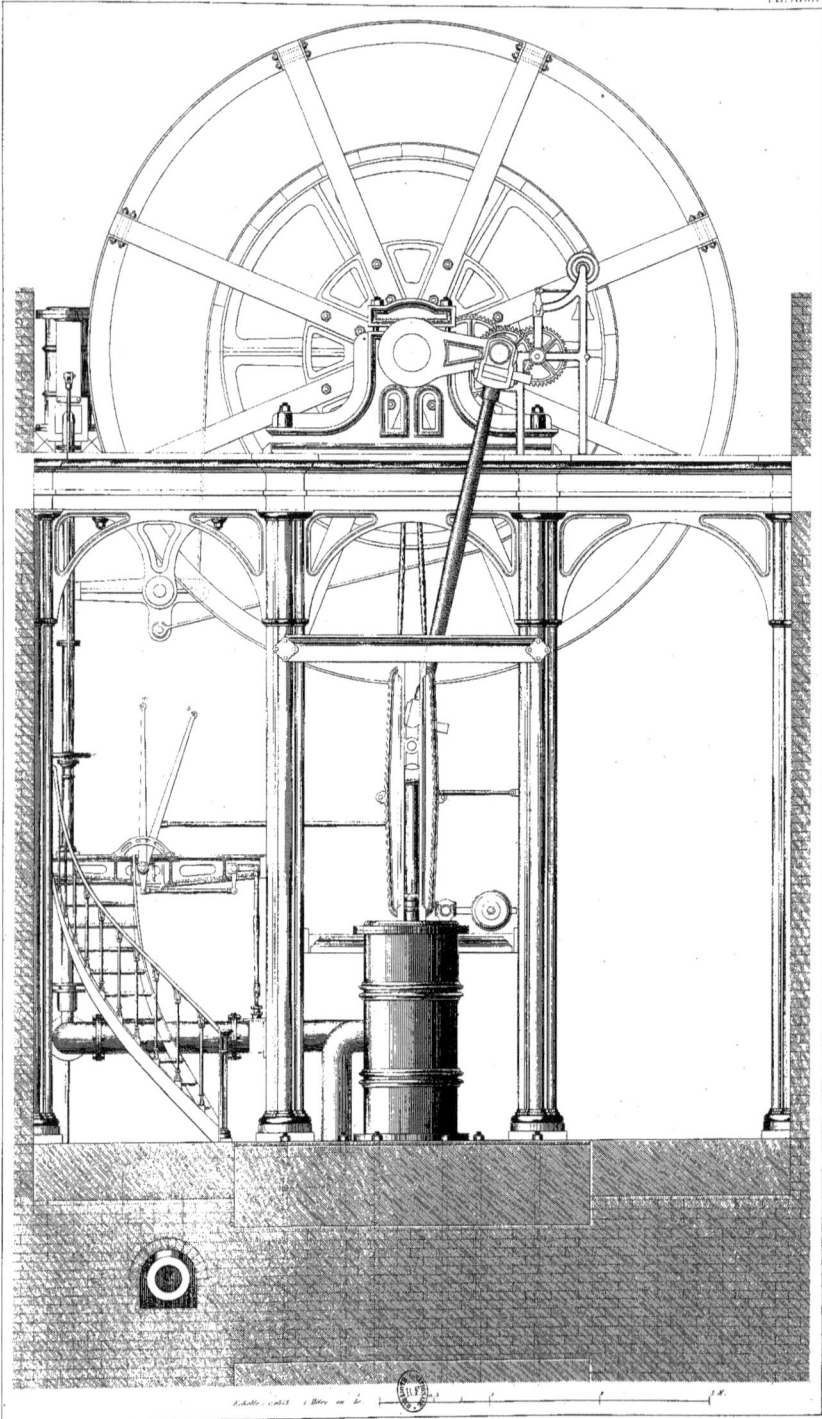

Echelle : 0,015 : 1 Mètre ou 1e

Liège lithogr. de J. Maudry, Editeur, Impr. de A. Closet.

DRAWING ENGINE WITH VERTICAL CYLINDERS.

FÖRDERUNGS MASCHINE MIT VERTICALEN CYLINDER.

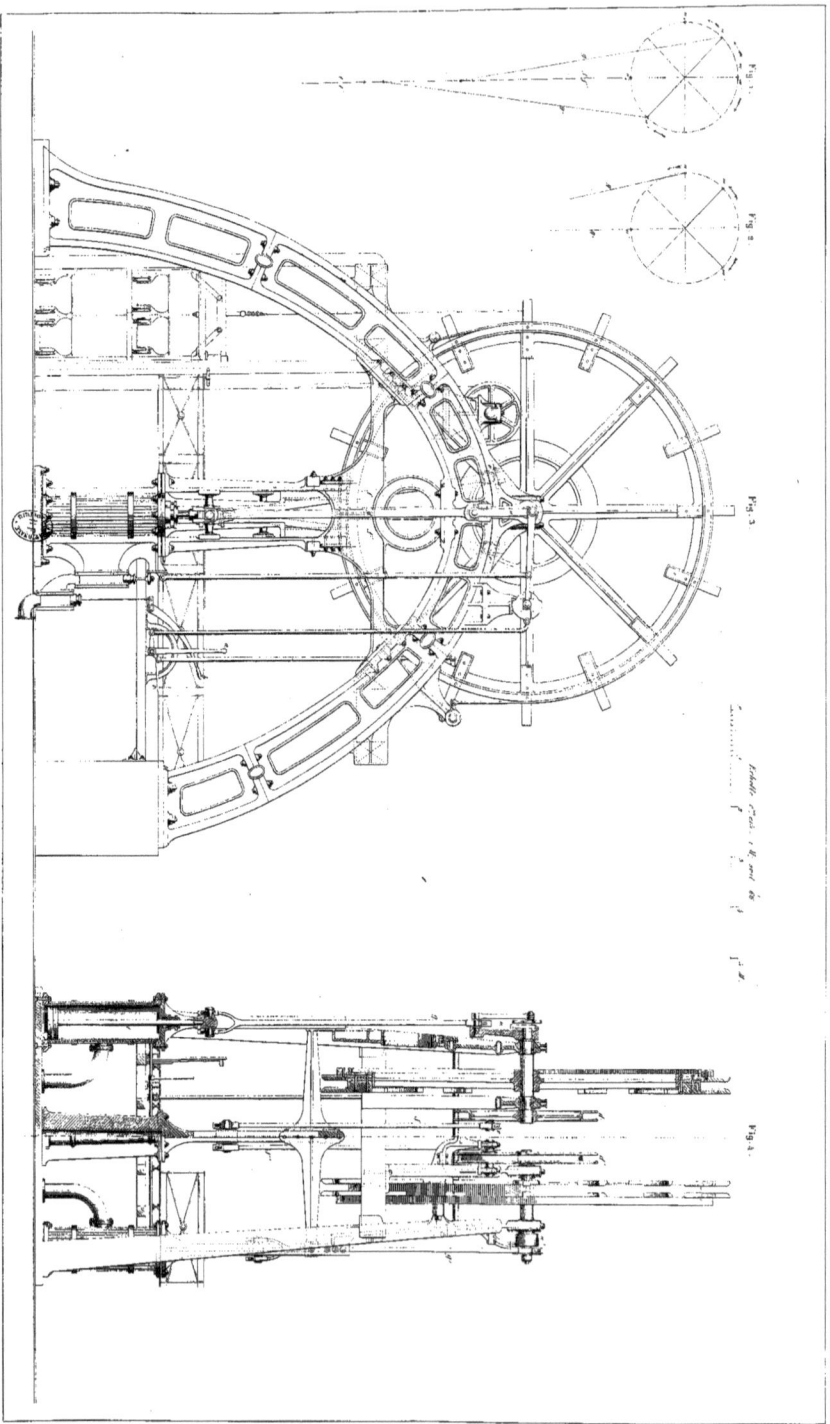

MACHINE D'EXTRACTION A BOBINES INDEPENDANTES.

PL. XLIV.

HOISTING MACHINE WITH INDEPENDENT BOBINES.

FÖRDERUNGS MASCHINE MIT UNABHÄNGIGEN ROLLEN.

Fig. 1.

Fig. 2.

Fig. 3.

Fig. 4.

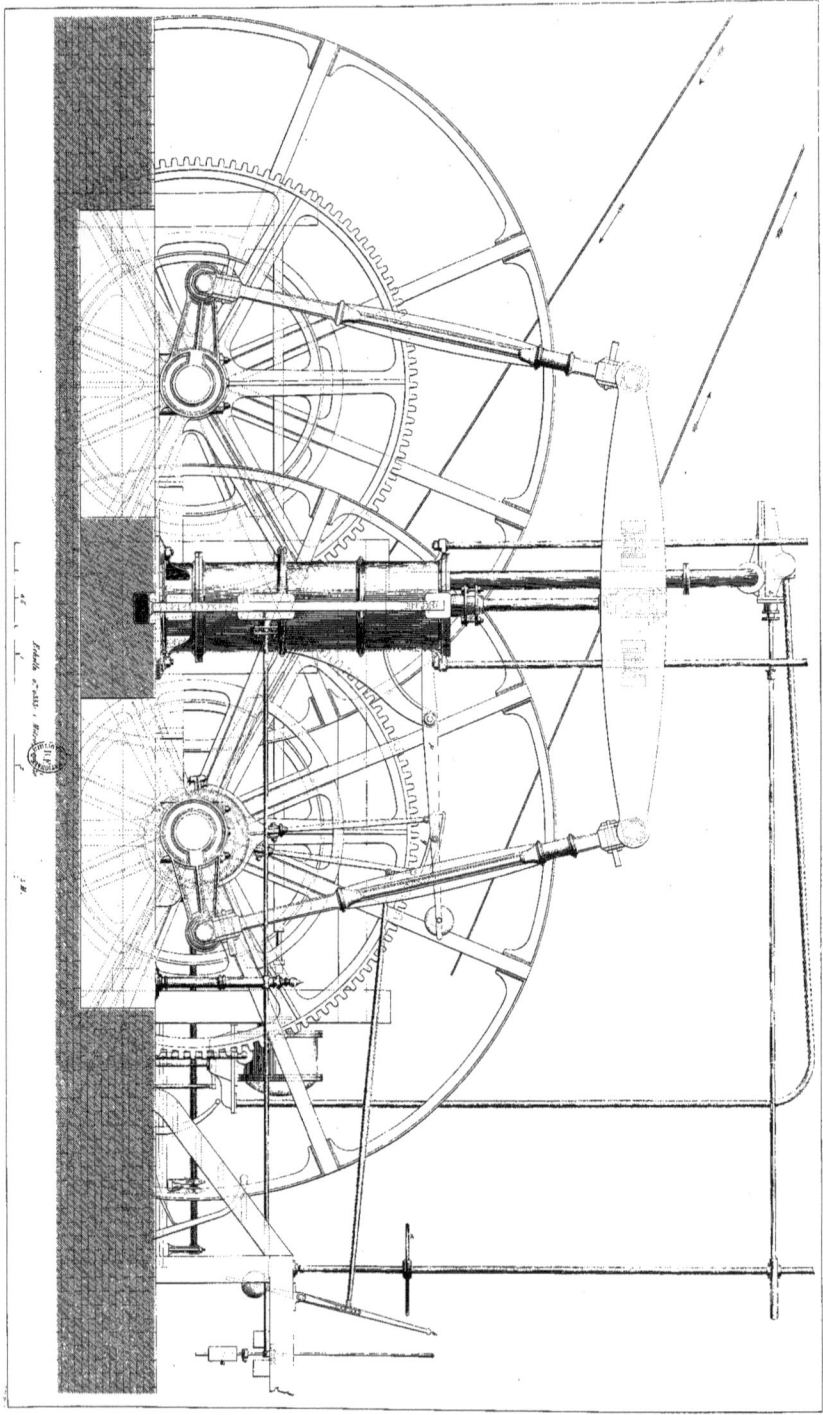

MACHINE D'EXTRACTION DE M. COLSON.

PL. XIX.

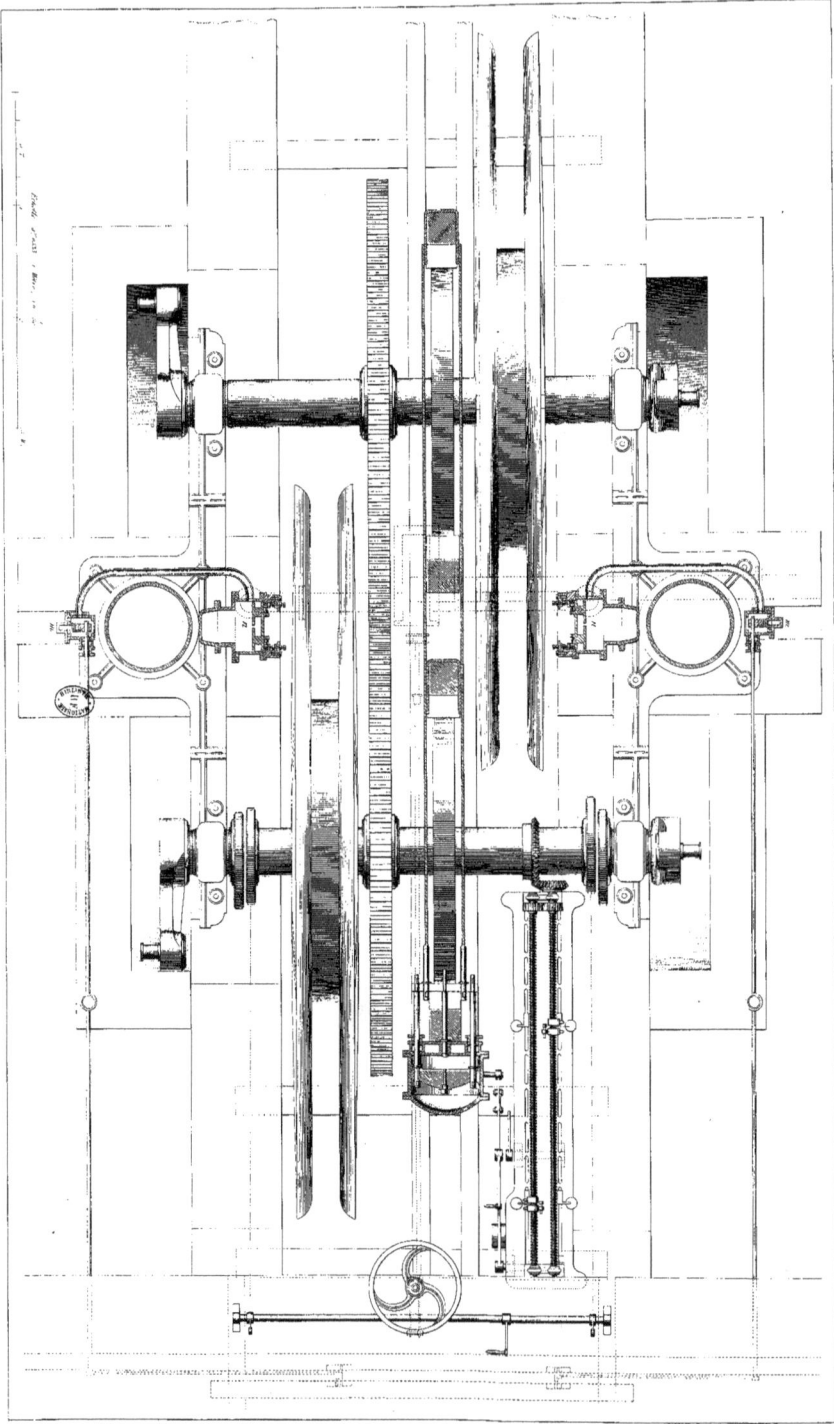

MACHINE D'EXTRACTION DE M. COLSON.

PL. XLVI.

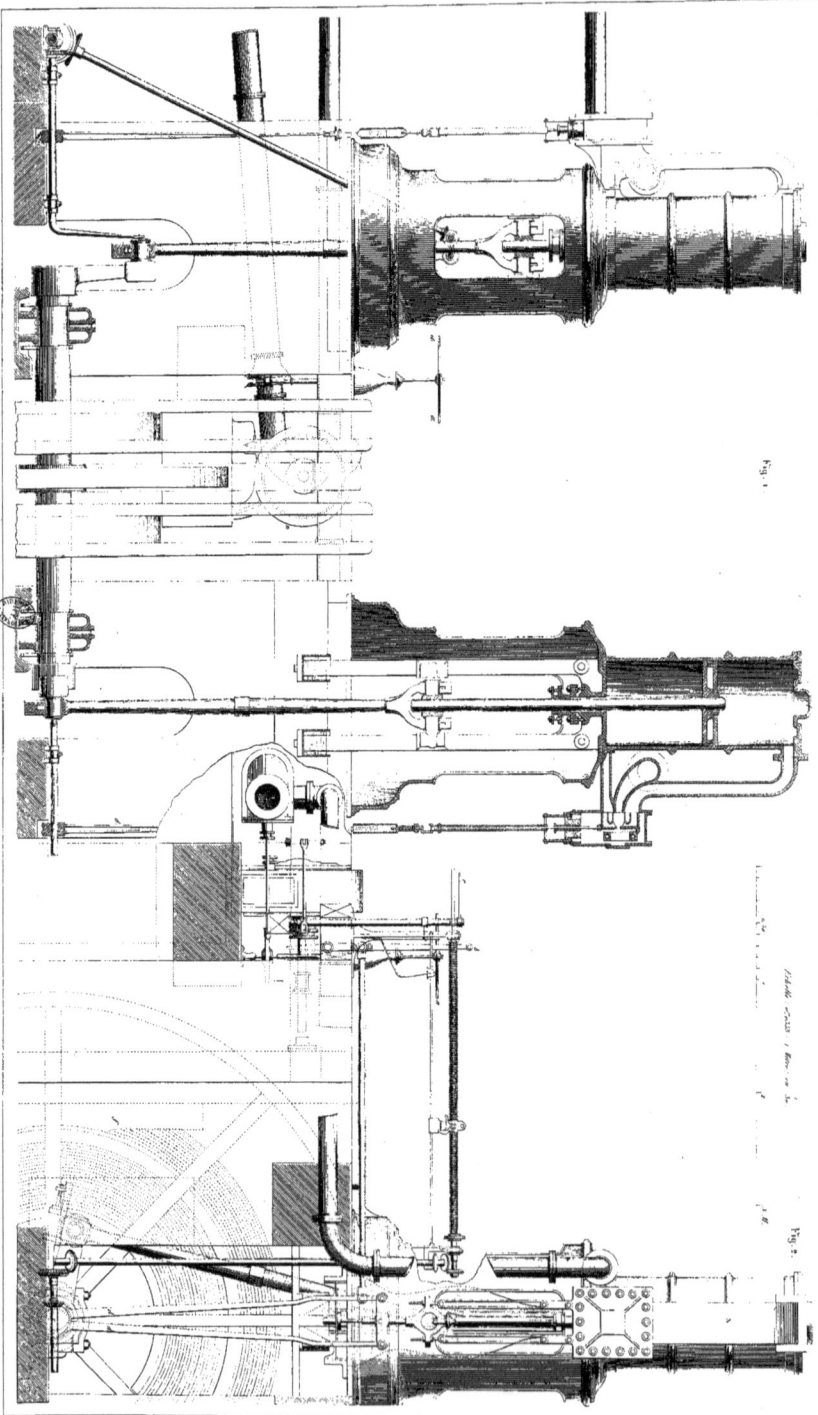

MACHINE D'EXTRACTION DE M. COLSON.

Fig. 1

Fig. 2

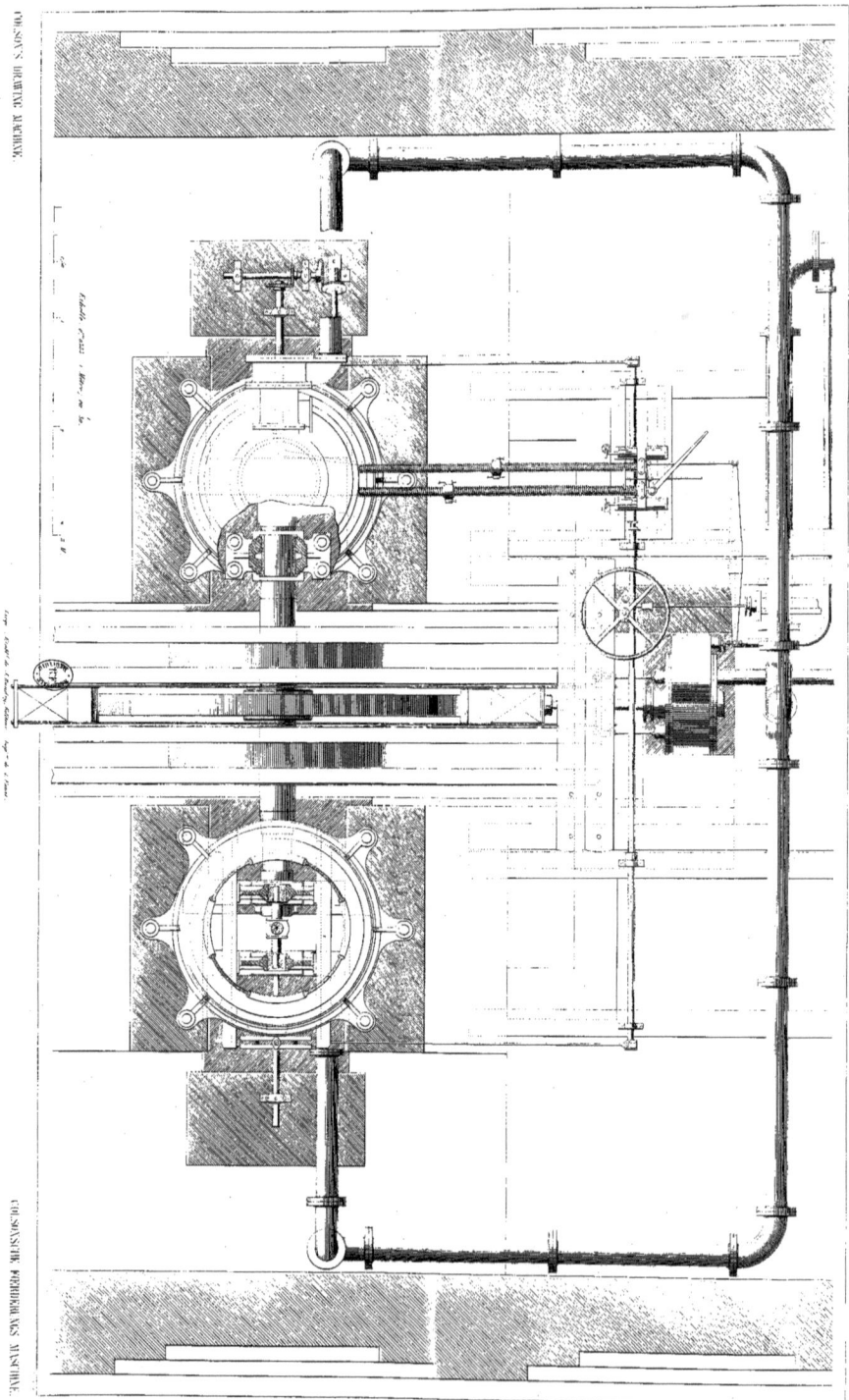

COLSON'S DRAWING MACHINE.

COLSON'SCHE FÖRDERUNGS MASCHINE.

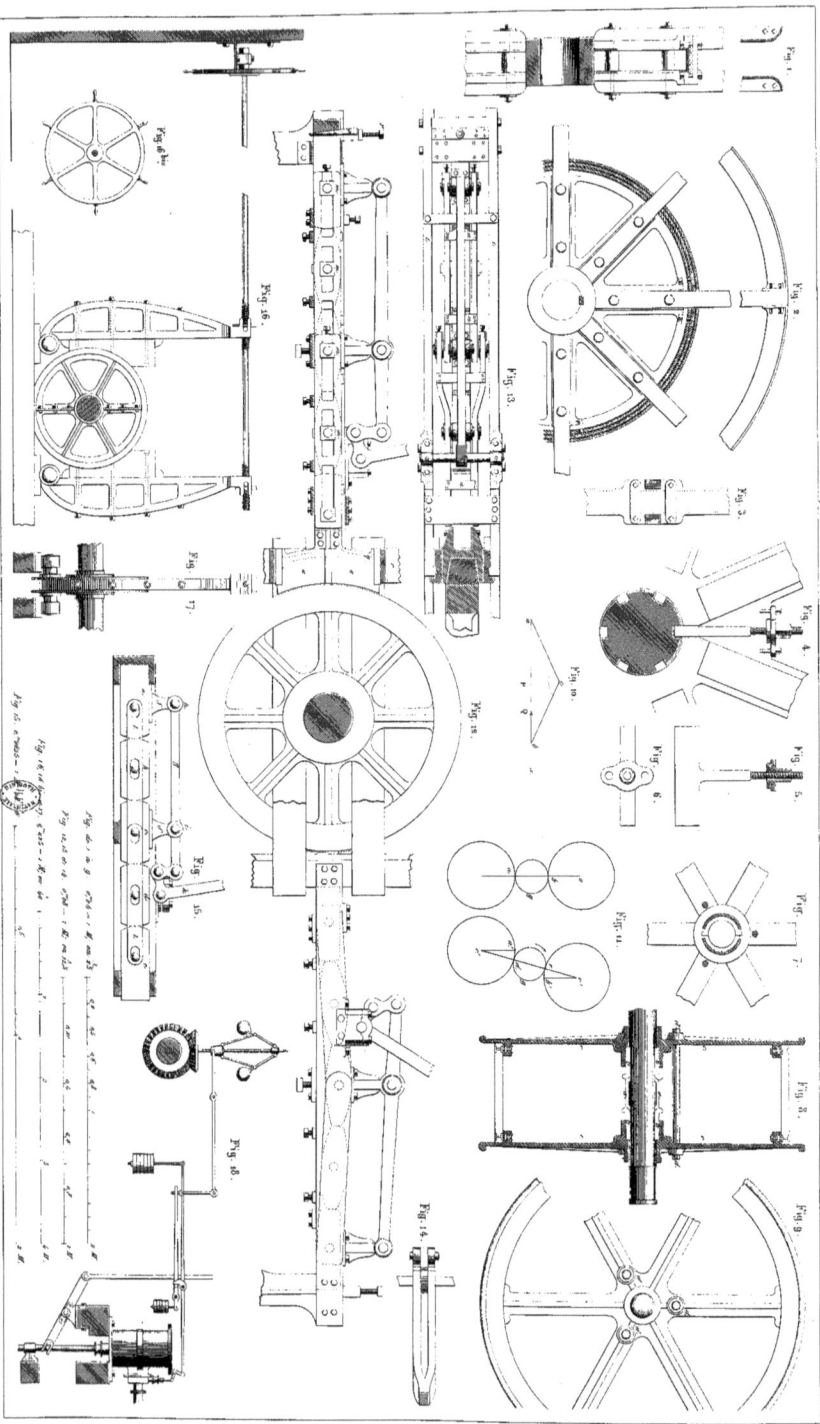

BOBINES INDÉPENDANTES. FREINS DE MACHINES A VAPEUR.

PL. XLIX

INDÉPENDANT DRUMS — ENGINE BRAKES.

UNABHÄNGIGEN ROLLEN — DAMPFMASCHINENBREMSEN.

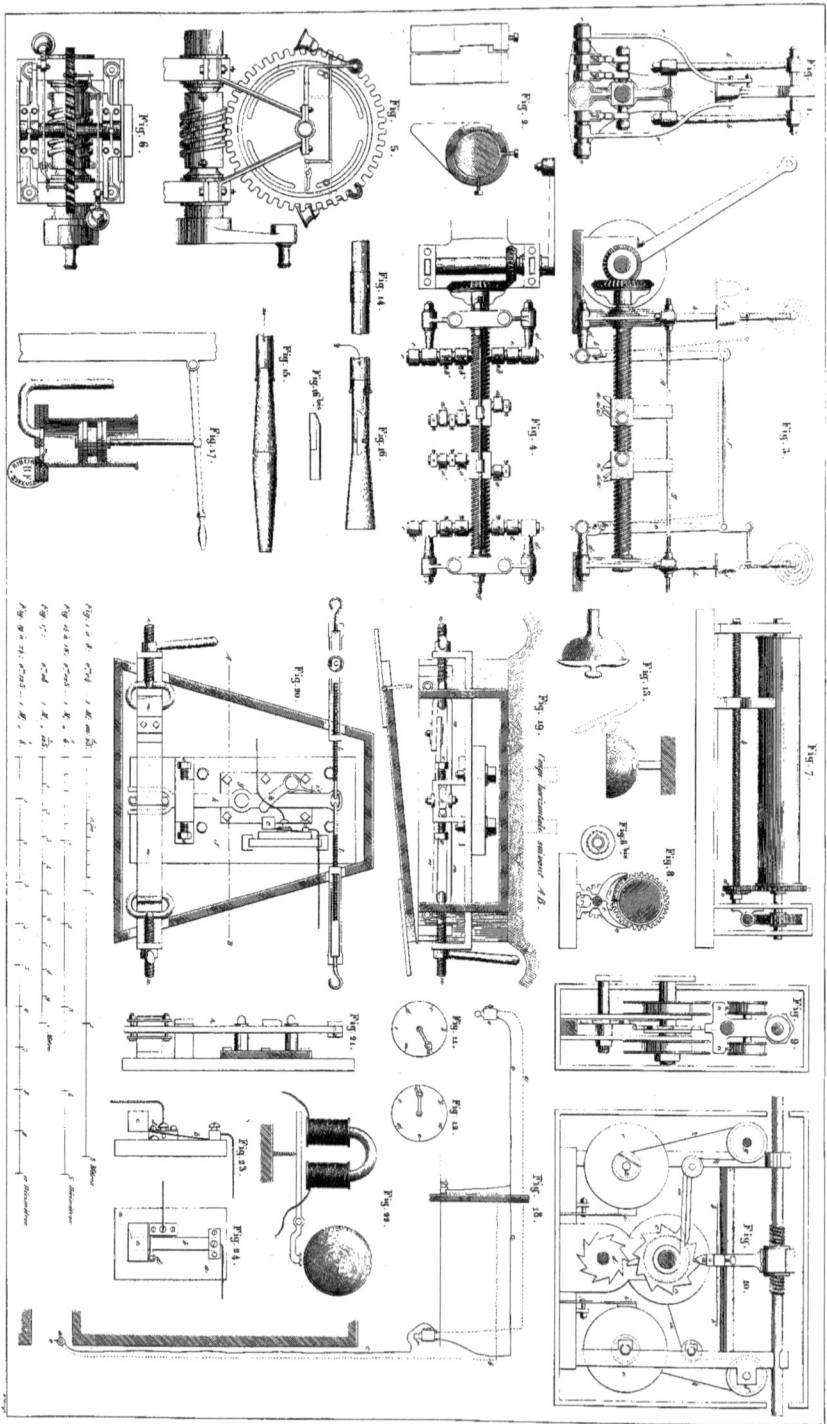

SONNERIES; COMPTEURS; TÉLÉGRAPHES ÉLECTRIQUES.

Pl. L.

WARNING-BELLS; INDICATORS; ELECTRIC TELEGRAPHS.

SCHELLENZÜGE; ZÄHLER; ELECTRISCHE TELEGRAPHEN.

Fig. 1.
Fig. 2.
Fig. 3.
Fig. 4.
Fig. 5.
Fig. 6.
Fig. 7.
Fig. 8.
Fig. 9.
Fig. 10.
Fig. 11.
Fig. 12.
Fig. 13.
Fig. 14.
Fig. 15.
Fig. 16.
Fig. 17.
Fig. 18.
Fig. 19.
Fig. 20.
Fig. 21.
Fig. 22.
Fig. 23.
Fig. 24.

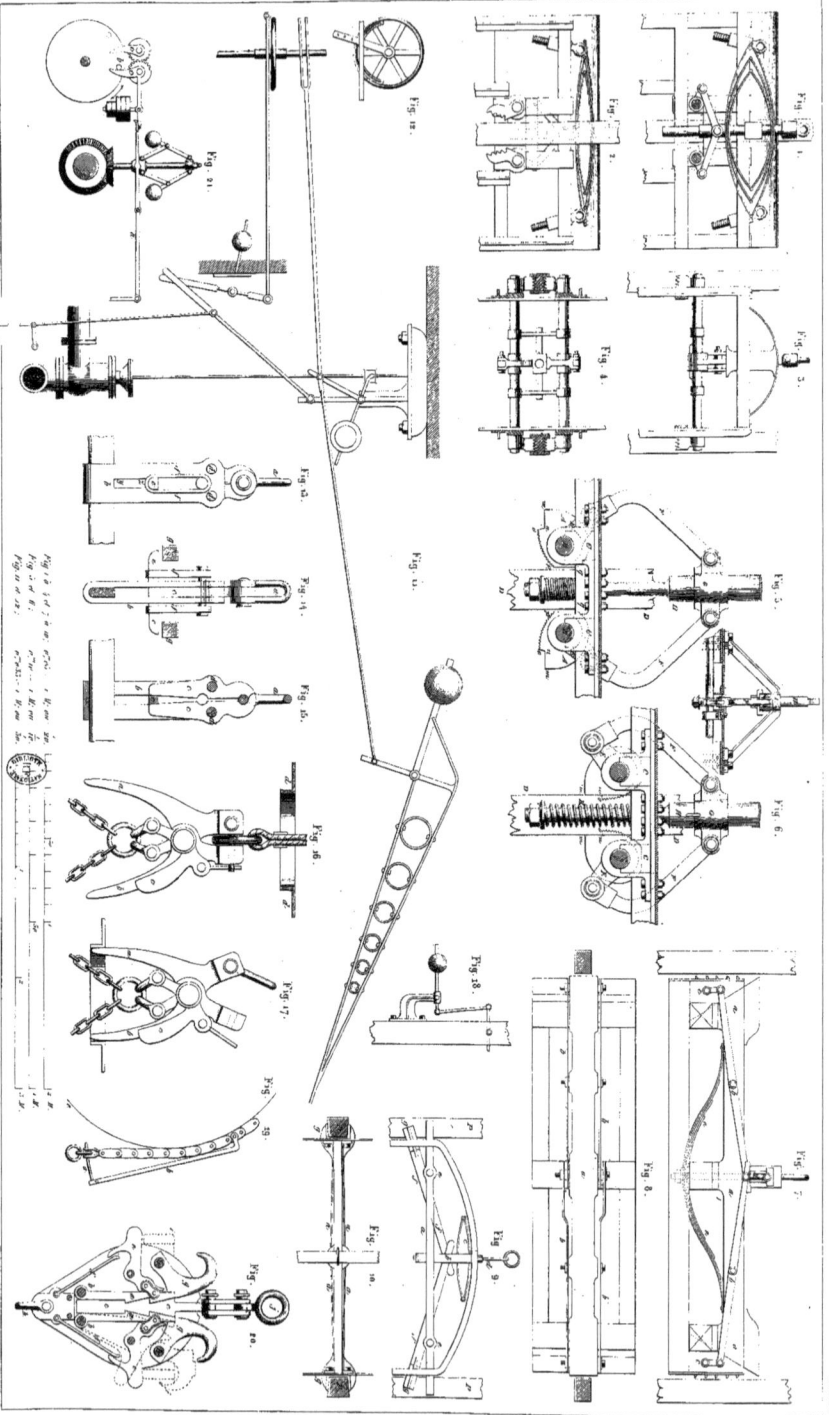

Fig. 12.

Fig. 21.

Fig. 2.

Fig. 1.

Fig. 4.

Fig. 3.

Fig. 13.

Fig. 14.

Fig. 15.

Fig. 11.

Fig. 5.

Fig. 16.

Fig. 9.

Fig. 17.

Fig. 18.

Fig. 13.

Fig. 10.

Fig. 9.

Fig. 7.

Fig. 8.

Fig. 20.

Fig. 11.

Fig. 17.

Fig. 15.

Fig. 14.

Fig. 16.

Fig. 8.

Fig. 1.

Fig. 2.

Fig. 3.

Fig. 6.

Fig. 4.

Fig. 5.

Fig. 7.

Fig. 9.

Fig. 10.

Fig. 11.

Fig. 12.

Fig. 13.

ÉCHELLES MOBILES.

Fig. 1.

Fig. 2.

Fig. 3.

Fig. 4.

Fig. 5.

Fig. 6.

Fig. 7.

Fig. 8.

Fig. 9.

Fig. 10.

Fig. 11.

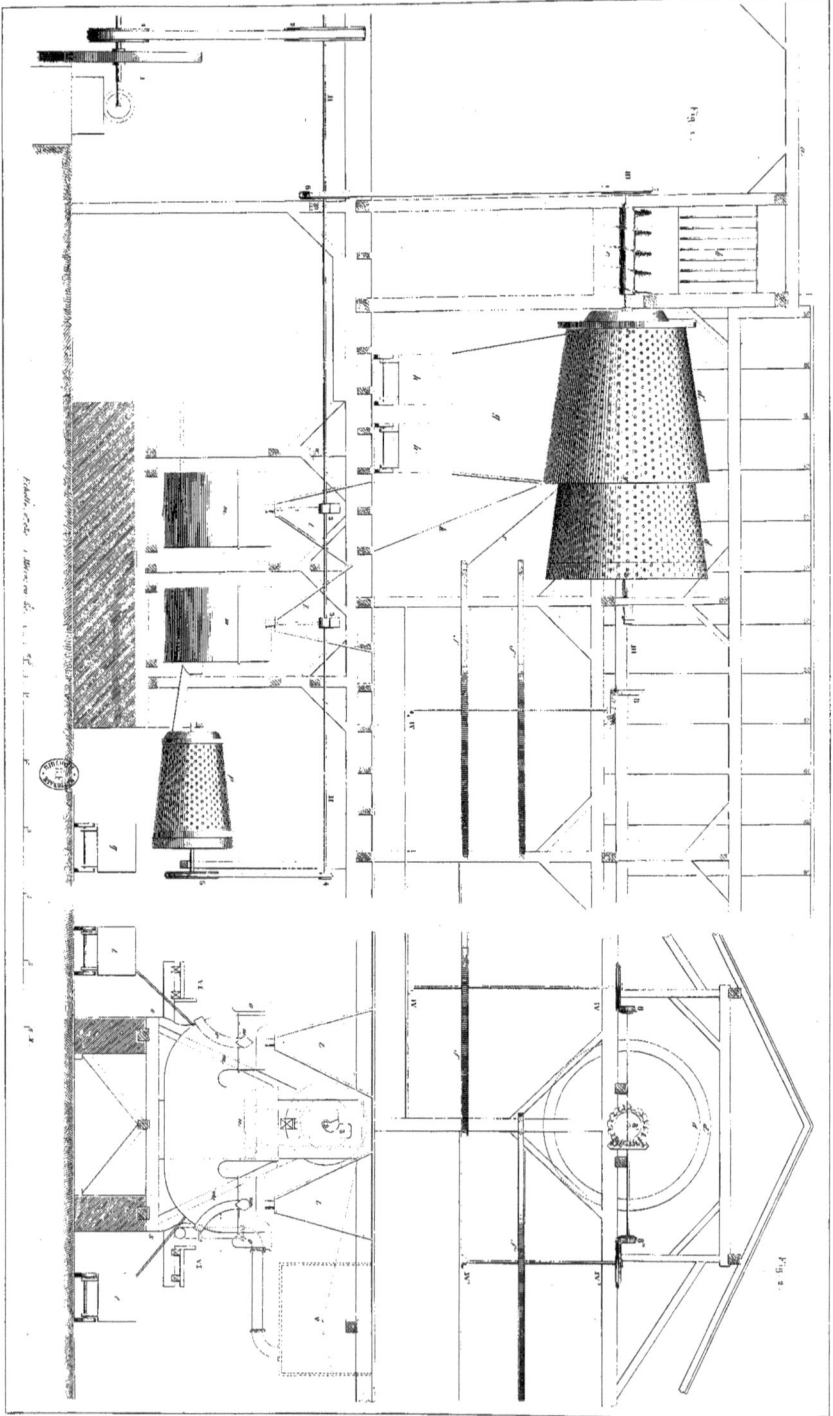

SIEBEN UND WASCHEN VON KOHLE.

Fig. 1.

Fig. 2.

Pl. LIV.

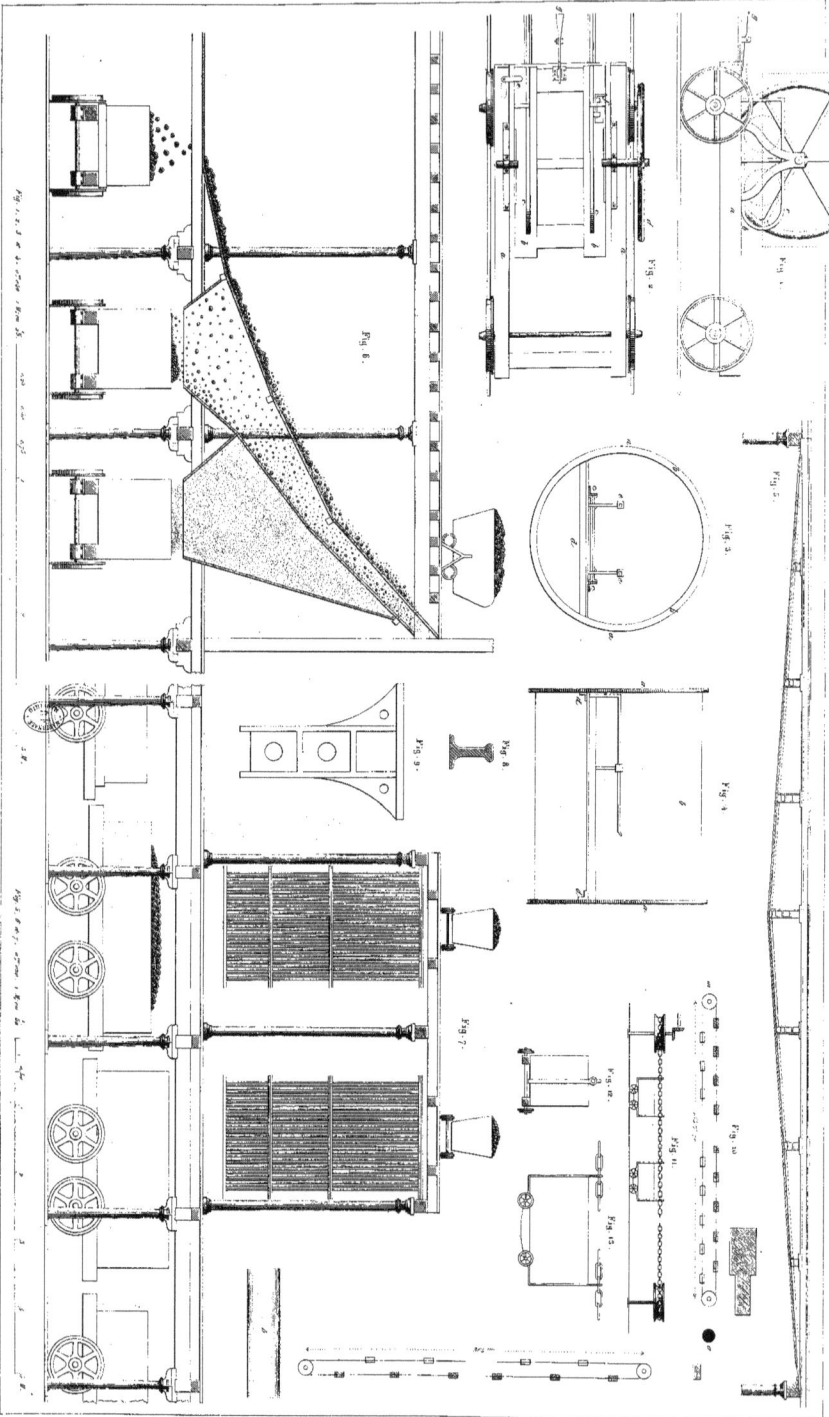

TRAVAUX AU JOUR.

TAGEARBEITEN.

PL. IV.

Fig. 1.
Fig. 2.
Fig. 3.
Fig. 4.
Fig. 5.
Fig. 6.
Fig. 7.
Fig. 8.
Fig. 9.
Fig. 10.
Fig. 11.
Fig. 12.
Fig. 13.

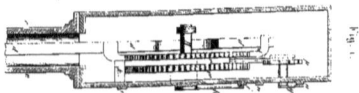
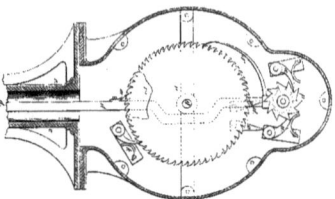

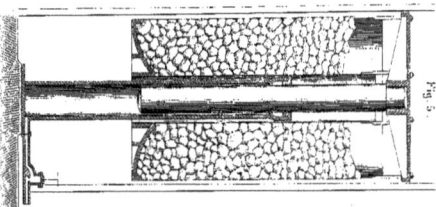
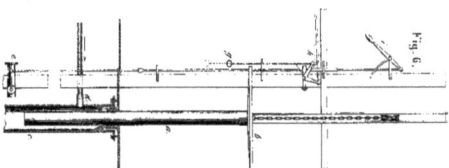
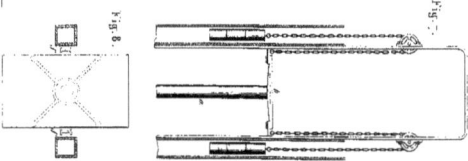
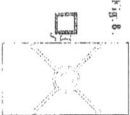
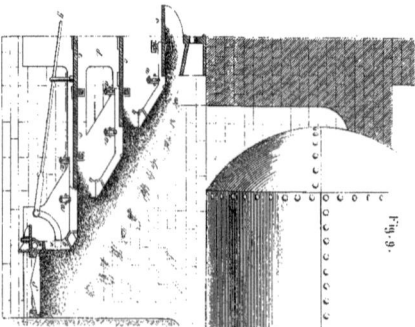

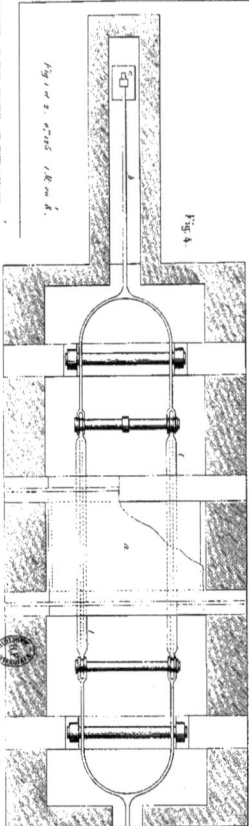
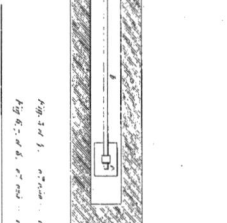
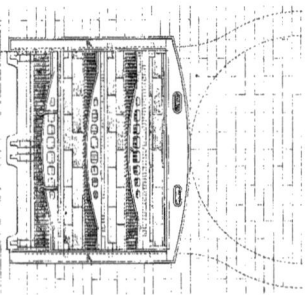

WORKS AT THE MOUTH OF THE SHAFT.

TRAVAUX AU JOUR.

PL. LVI.

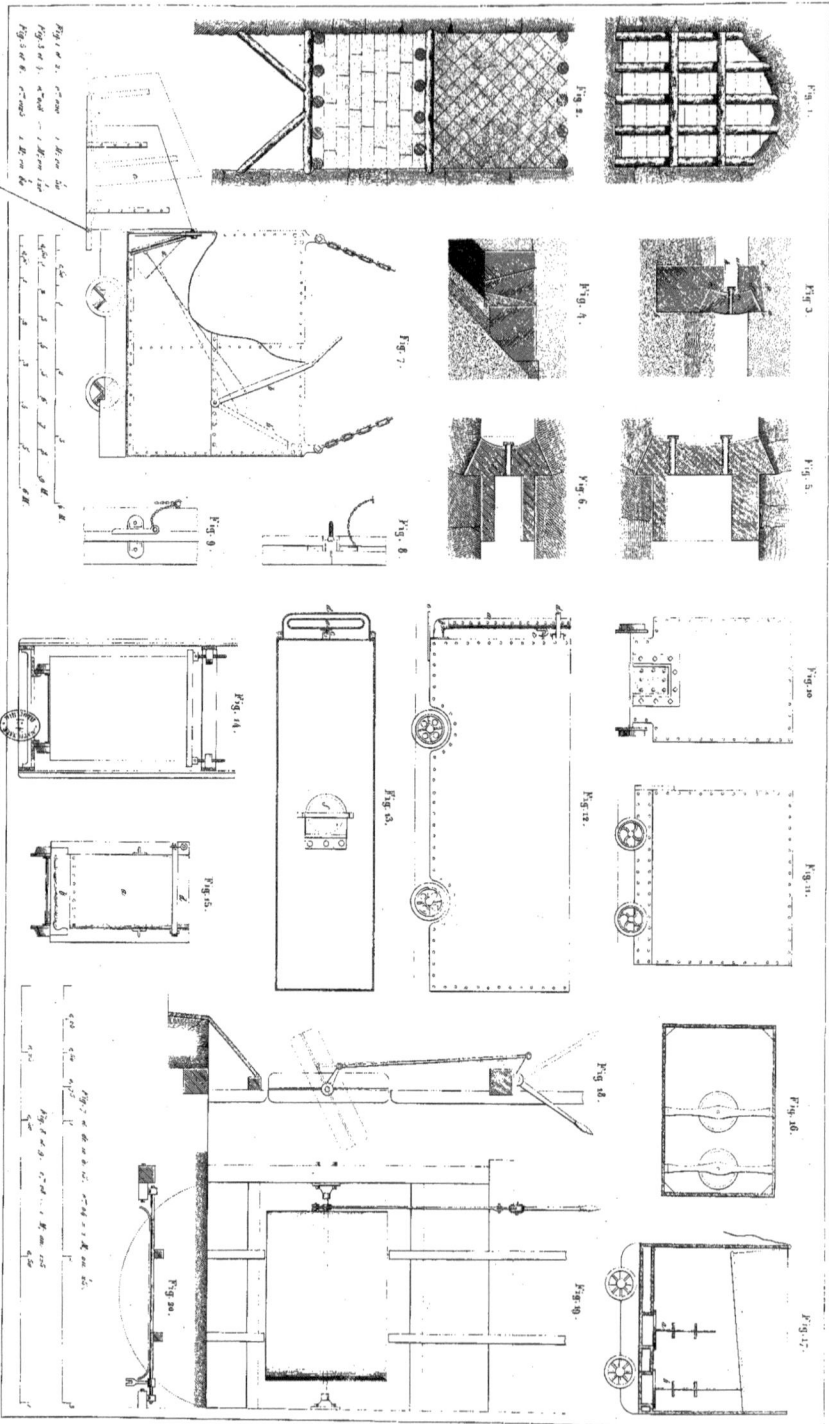

SERREMENTS ET CAISSES A EAU.

PL. LXII.

Fig. 1.
Fig. 2.
Fig. 3.
Fig. 4.
Fig. 5.
Fig. 6.
Fig. 7.
Fig. 8.
Fig. 9.
Fig. 10.
Fig. 11.
Fig. 12.
Fig. 13.
Fig. 14.
Fig. 15.
Fig. 16.
Fig. 17.
Fig. 18.
Fig. 19.
Fig. 20.
Fig. 21.
Fig. 22.
Fig. 23.
Fig. 24.

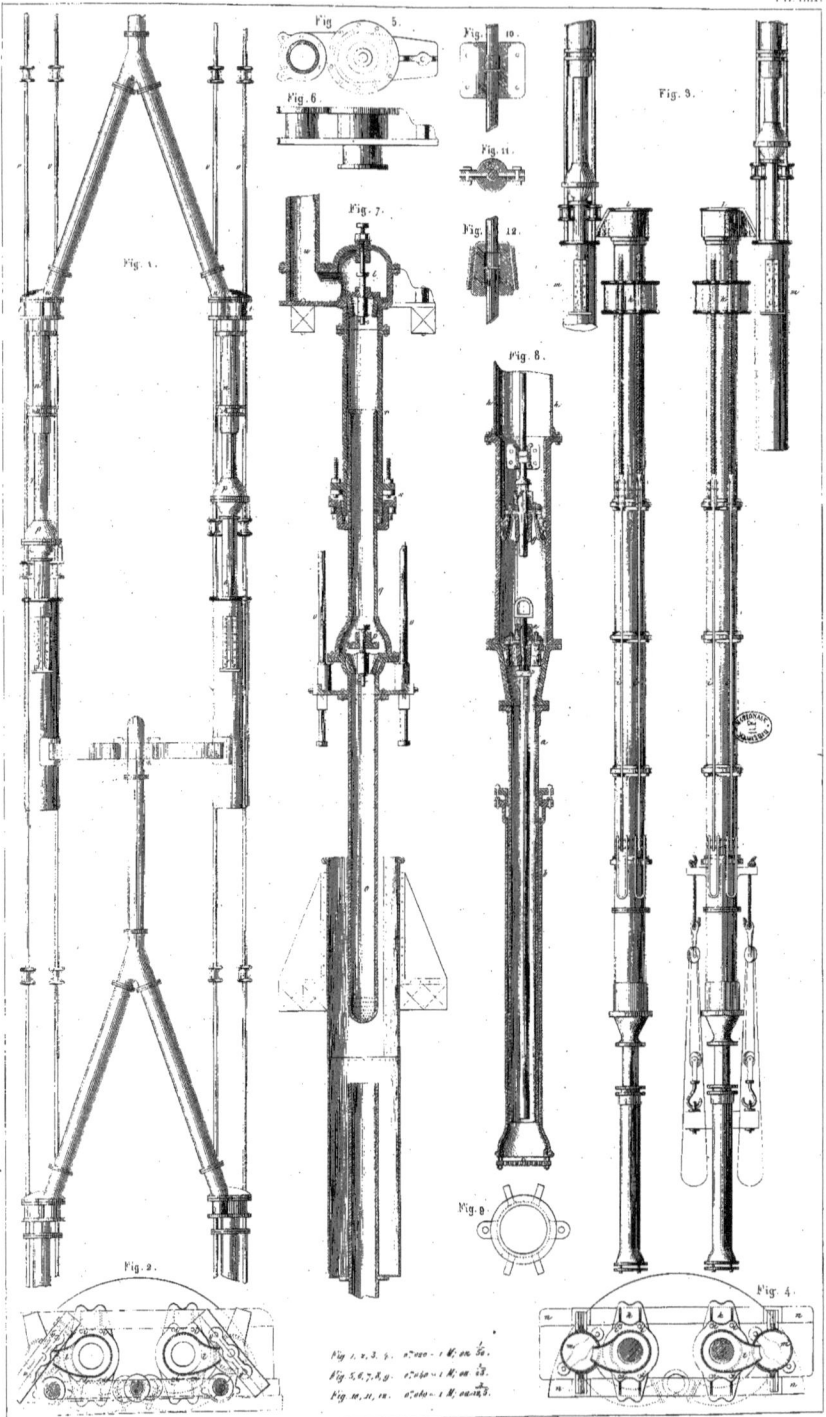

Fig. 1.

Fig. 5.

Fig. 6.

Fig. 10.

Fig. 3.

Fig. 11.

Fig. 7.

Fig. 12.

Fig. 8.

Fig. 9.

Fig. 2.

Fig. 4.

Fig. 1, 2, 3, 4. n° 020 = 1 M, ou 1/20.
Fig. 5, 6, 7, 8, 9. n° 040 = 1 M, ou 1/8.
Fig. 10, 11, 12. n° 080 = 1 M, ou 1/4.

Liège. Lith. de J. Desoer, Éditeur. — Imp.ᵗᵉ de A. Vinci.

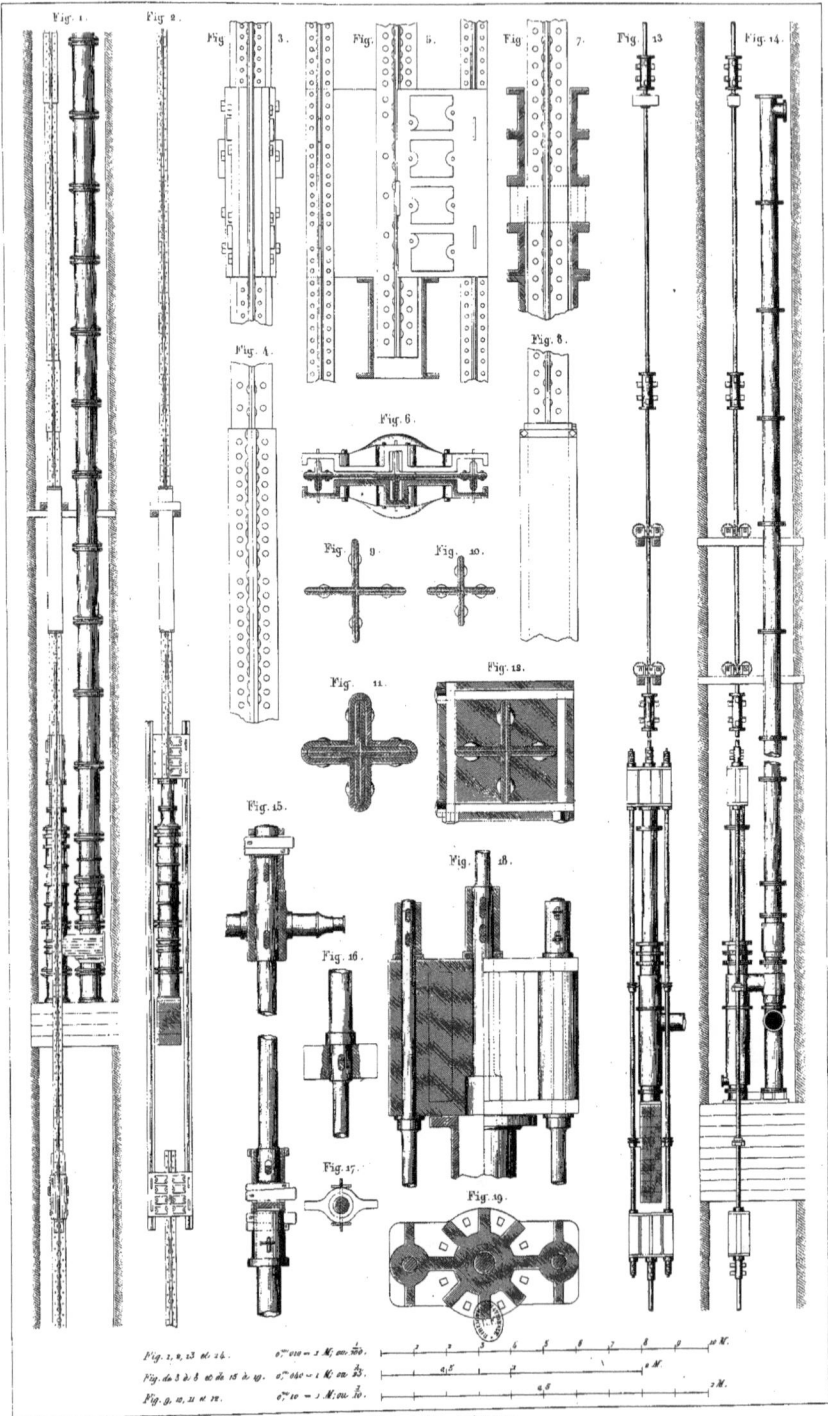

Fig. 1. Fig. 2. Fig. 3. Fig. 5. Fig. 7. Fig. 13. Fig. 14.
Fig. 4. Fig. 8. Fig. 6. Fig. 9. Fig. 10. Fig. 11. Fig. 12. Fig. 15. Fig. 16. Fig. 17. Fig. 18. Fig. 19.

Fig. 1, 2, 13 et 14.   0^m,010 = 1 M; ou 1/100.
Fig. de 3 à 8, 10 à 12, 15 à 19.   0^m,040 = 1 M; ou 1/25.
Fig. 9, 10, 11 et 12.   0^m,10 = 1 M; ou 1/10.

MAIN PUMP-RODS.

Liège. Etablᵗ de J. Desoer, Editeur. — Impᵗ de A. Pinel.

PUMPENGESTÄNGEN.

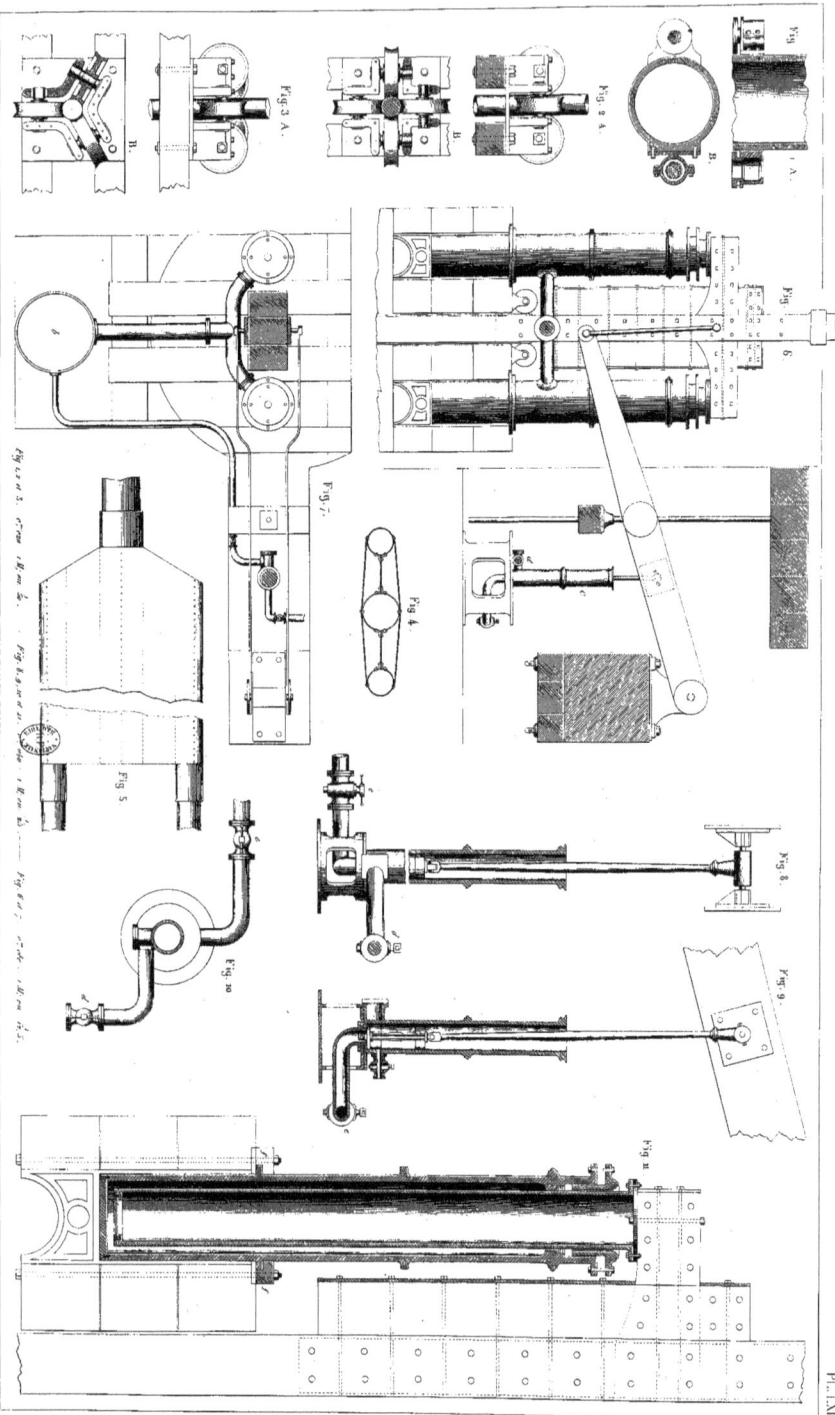

Pl. LXI.

Fig. 1.
Fig. 2 A.
Fig. 3 A.
Fig. 4.
Fig. 5.
Fig. 6.
Fig. 7.
Fig. 8.
Fig. 9.
Fig. 10.
Fig. 11.

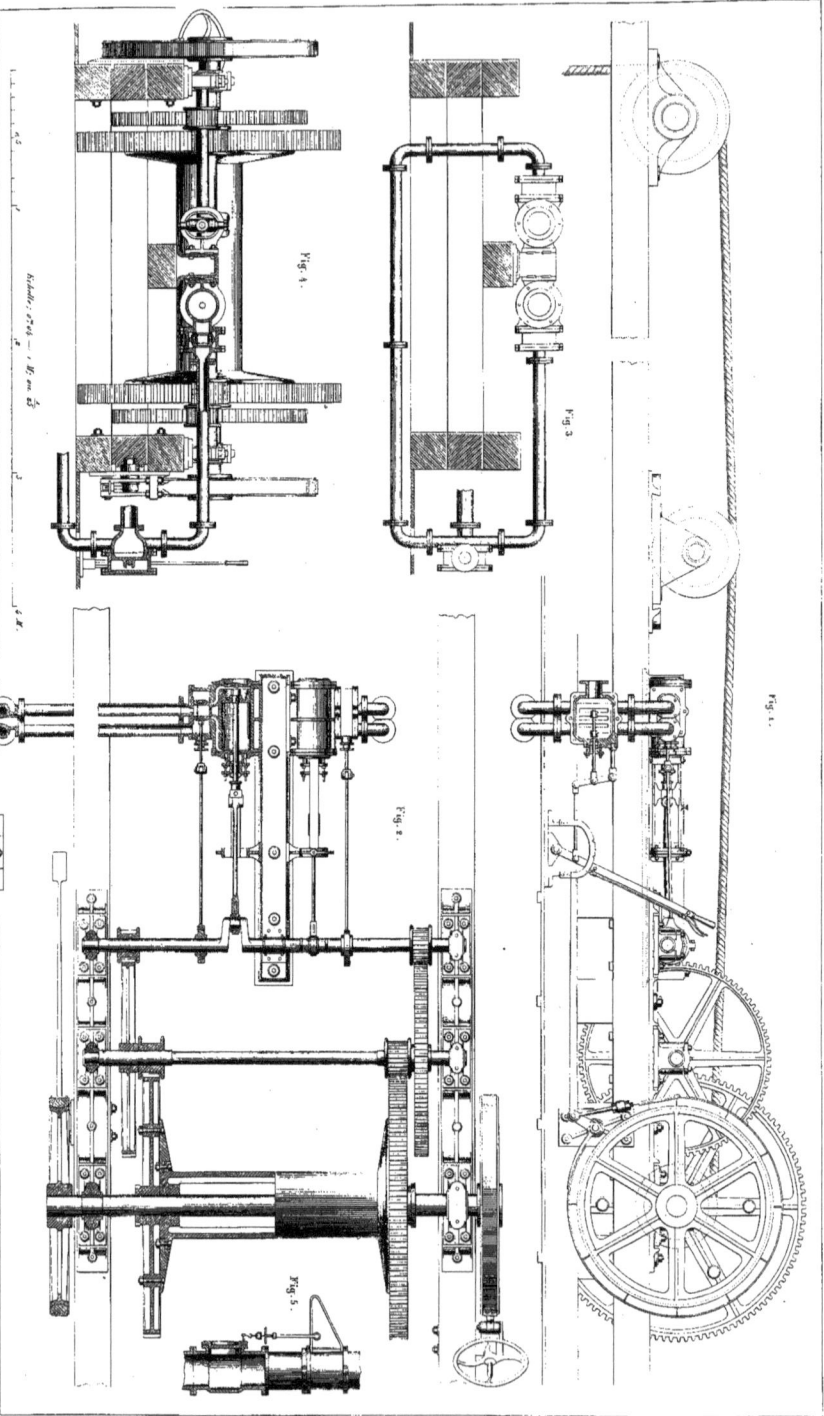

ENGIN DESTINÉ AU MONTAGE ET AUX RÉPARATIONS DES POMPES.

THE SETTING AND REPAIRING OF PUMPS.

APPARAT ZUM ZUSAMMENSETZEN UND AUSBESSERN DER PUMPEN.

PL. LXII.

Fig. 1.
Fig. 2.
Fig. 3.
Fig. 4.
Fig. 5.

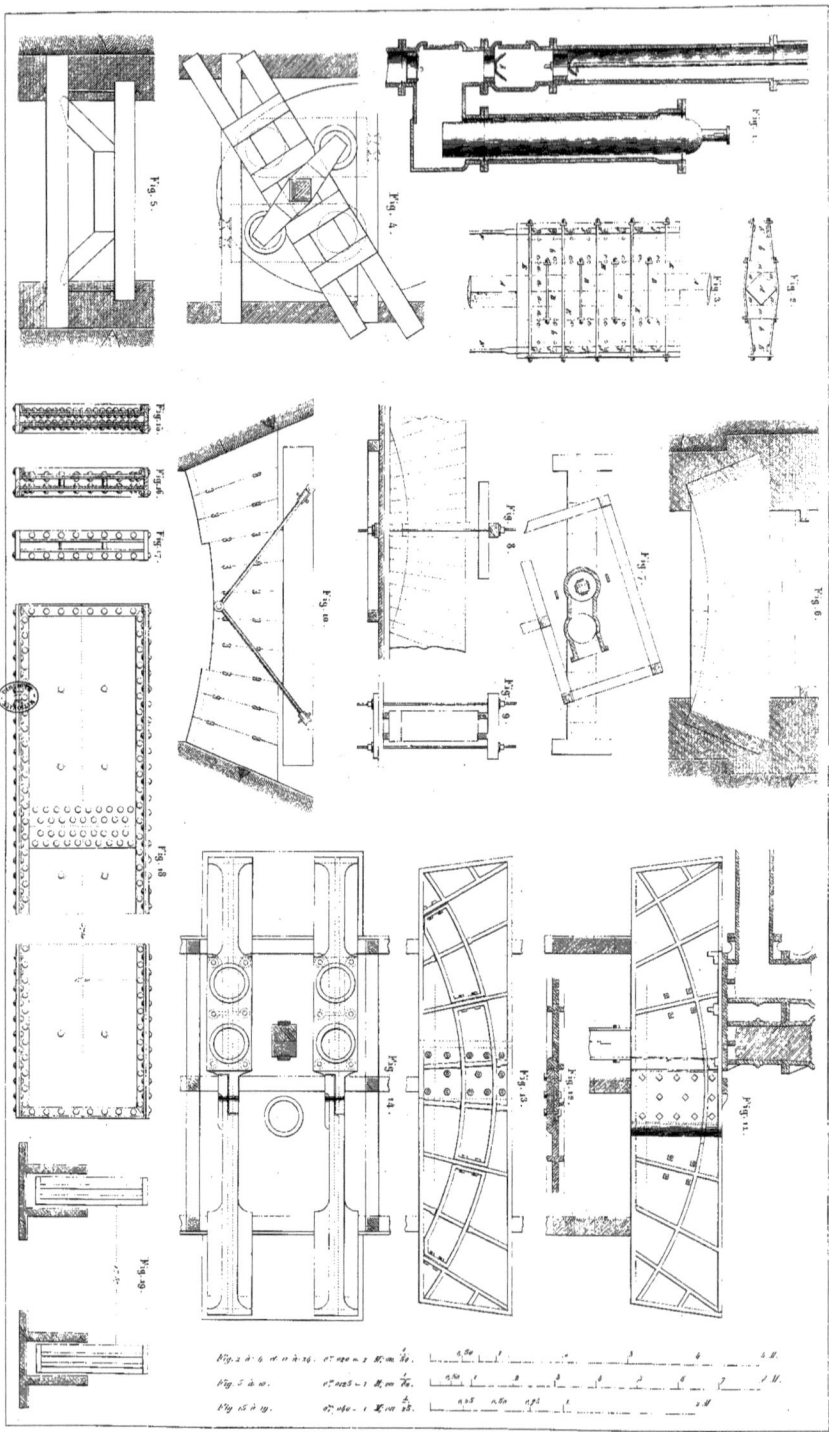

AUTORÉGULATEUR DE L'ALIMENTATION DES POMPES ÉLÉVATEUR

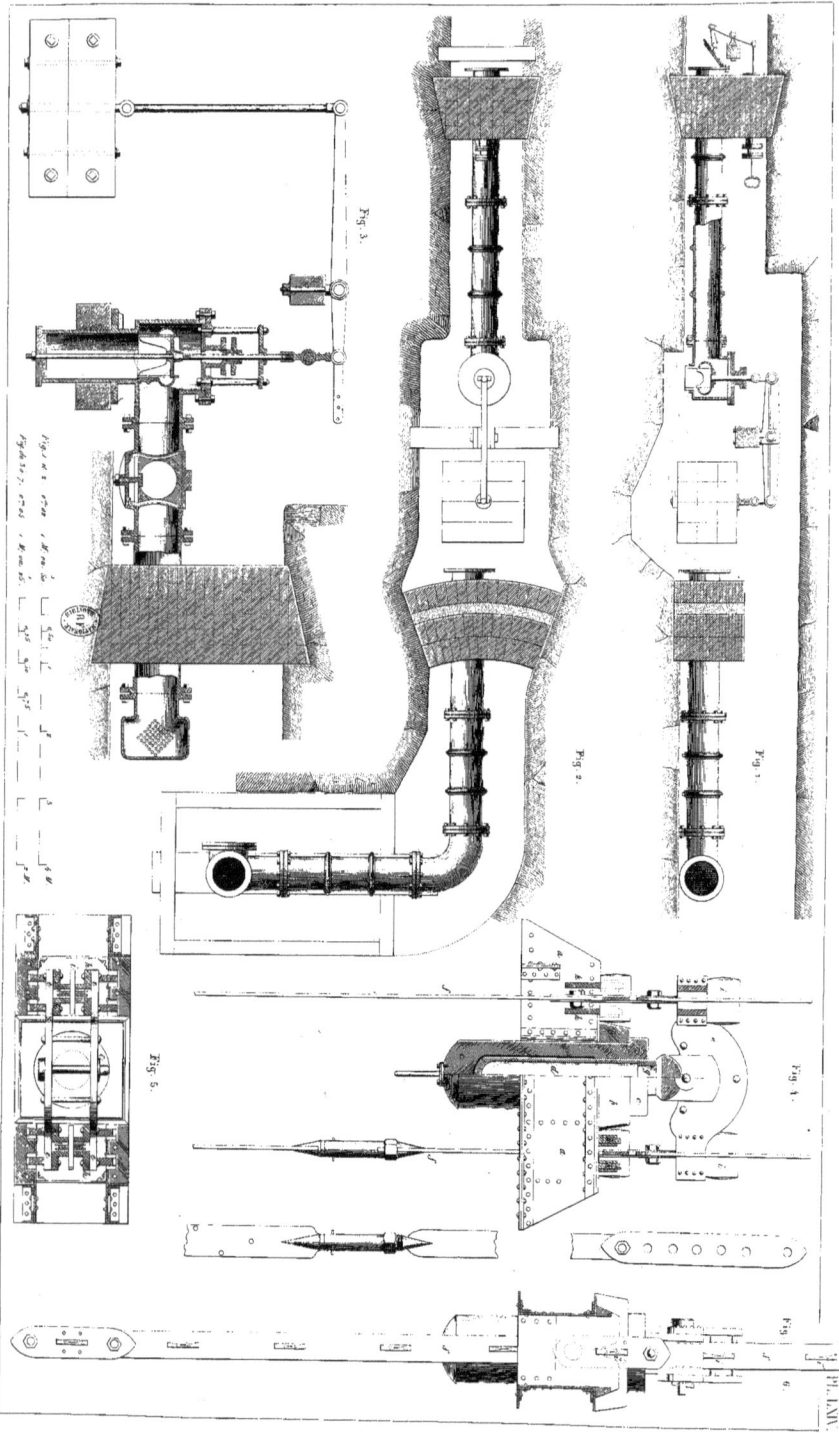

SELF ACTING REGULATOR APPLIED TO THE LIFTING PUMPS — ELEVATOR.

SELBSTREGULATOR DER SPEISUNG DER PUMPEN — ELEVATOR.

Fig. 1.

Fig. 2.

Fig. 3.

Fig. 4.

Fig. 5.

Pl. LVII.

Fig. 1.

Fig. 2.

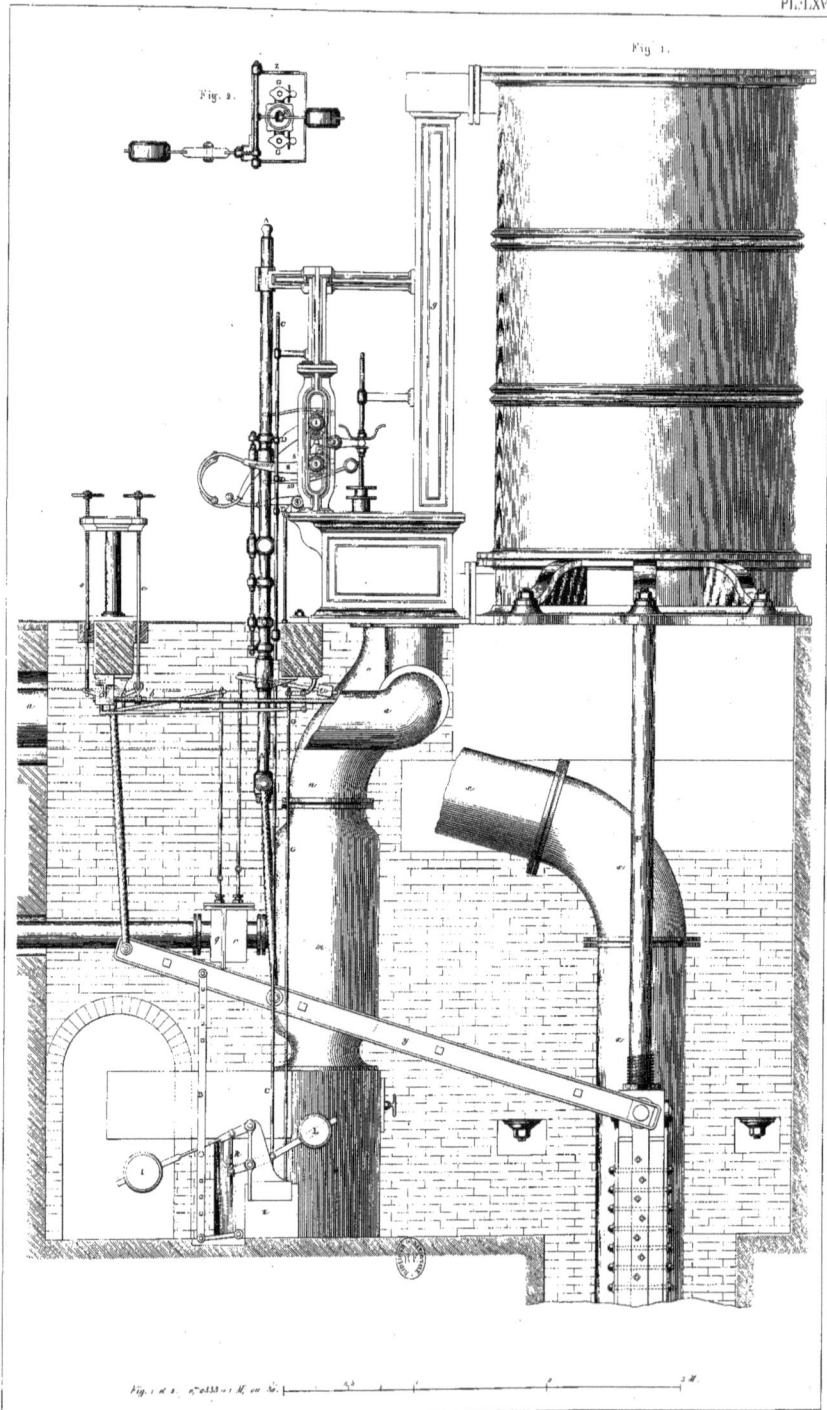

Fig. 1 et 2. n.° 0.033 = 1 M. ou 3₀.

Liège, Modd.t de J. Randig, Editeur. Imp.rie de A. Simot.

DIRECT ACTING PUMPING ENGINE.

DIRECT WIRKENDE WASSERHALTUNGSMASCHINE.

Fig. 1.

Fig. 2.

Fig. 3.

Fig. 4.

Fig. 5.

Fig. 8.

Fig. 6.

Fig. 7.

DIRECT ACTING PUMPING ENGINE.

Liège, Établ.t de J. Baudry, Editeur. Imp.ie de A Visinet.

DIRECT WIRKENDE WASSERHALTUNGSMASCHINE.

Fig. 1.

Fig. 2.

Fig. 3.

Fig. 4.

Fig. 5.

Fig. 6.

Fig. 7.

MACHINE D'ÉPUISEMENT ROTATIVE.

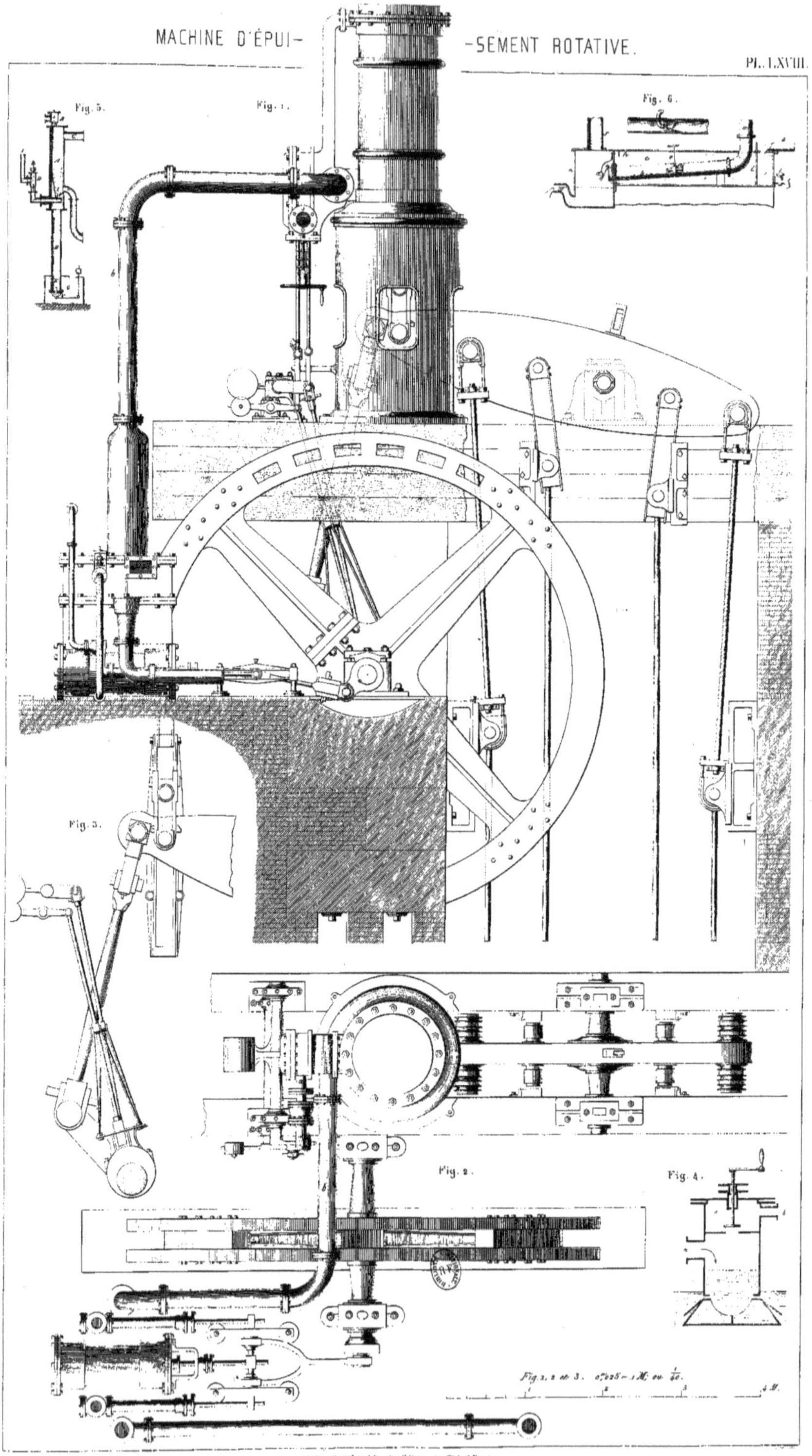
Fig. 5.
Fig. 1.
Fig. 6.
Fig. 3.
Fig. 2.
Fig. 4.
Fig. 1, 2 et 3. 0m,025 = 1M; ou 1/40.
1
2
3
4 M.

Liège Etabl.t de J. Baudry, Éditeur Imp.rie de A Fouet.

PUMP-ENGINE WITH ROTARY MOTION.

ROTIRENDE WASSERHALTUNGSMASCHINE.

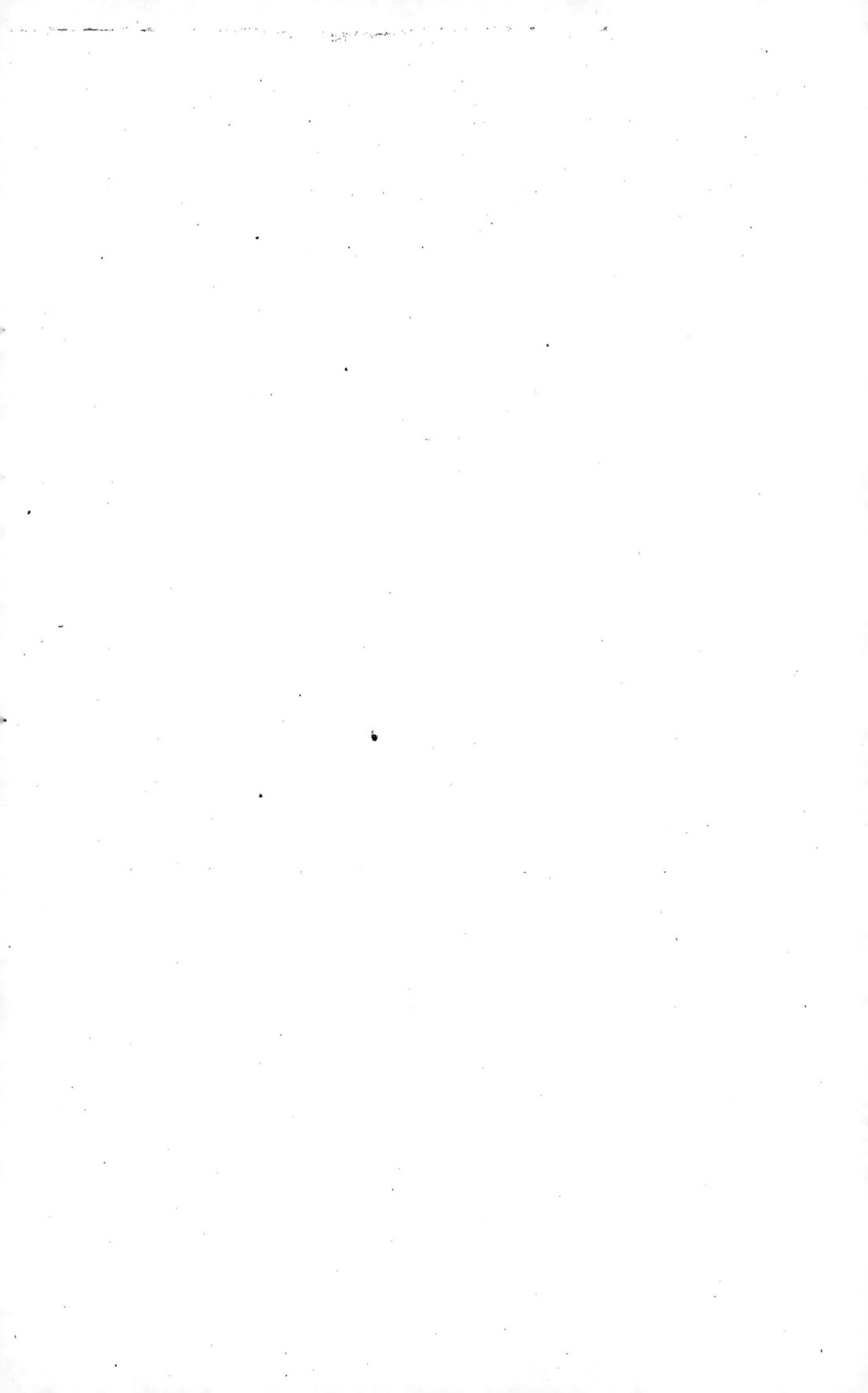

www.ingramcontent.com/pod-product-compliance
Lightning Source LLC
Chambersburg PA
CBHW062004200326
41519CB00017B/4668